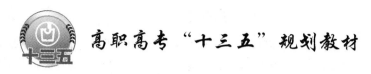

高职高专"十三五"规划教材

钛矿资源及采选

主　编　邹艳梅　杨志鸿

副主编　张金梁　滕　瑜　杨艳华　宫　伟

北　京

冶金工业出版社

2019

内 容 提 要

本书共分 7 章,包括钛的概况,钛及钛合金的主要性质,中国钛工业发展状况,国外钛工业发展状况,钛资源,钛矿的开采和选矿,钛选厂的流程考查及改进研究。

本书可供从事钛冶金及钛材加工的工程技术人员、研究人员和管理人员阅读,也可供大专院校相关专业的师生参考。

图书在版编目(CIP)数据

钛矿资源及采选/邹艳梅,杨志鸿主编 . —北京:冶金工业出版社,2019.1

高职高专"十三五"规划教材

ISBN 978-7-5024-7941-1

Ⅰ.①钛… Ⅱ.①邹… ②杨… Ⅲ.①钛矿床—矿产资源—金属矿开采—高等职业教育—教材 ②钛矿床—矿产资源—选矿—高等职业教育—教材 Ⅳ.①TD862.7 ②TD952.7

中国版本图书馆 CIP 数据核字(2018)第 264694 号

出 版 人 谭学余
地　　址 北京市东城区嵩祝院北巷 39 号　邮编　100009　电话　(010)64027926
网　　址 www.cnmip.com.cn　电子信箱　yjcbs@cnmip.com.cn
责任编辑 杨盈园　美术编辑 彭子赫　版式设计 禹　蕊
责任校对 王永欣　责任印制 李玉山
ISBN 978-7-5024-7941-1

冶金工业出版社出版发行;各地新华书店经销;固安华明印业有限公司印刷
2019 年 1 月第 1 版,2019 年 1 月第 1 次印刷
787mm×1092mm　1/16;9.25 印张;219 千字;137 页
38.00 元

冶金工业出版社　投稿电话　(010)64027932　投稿信箱　tougao@cnmip.com.cn
冶金工业出版社营销中心　电话　(010)64044283　传真　(010)64027893
冶金工业出版社天猫旗舰店　yjgycbs.tmall.com
(本书如有印装质量问题,本社营销中心负责退换)

前　言

钛在地壳中的含量为 0.63%，按地壳中元素含量的高低排在第九位，按金属元素计排在第七位，而按金属结构材料计，则仅次于铝、铁、镁而居第四位。

我国是钛资源大国，储量居世界首位。2006 年，我国海绵钛和钛材的年产量均双双超过万吨，进入了世界产钛大国的行列，并且形成了持续发展的态势，目前，更是在航空、航天、航海、大飞机制造等方面，获得了长足进步。

高强度、低密度和优异的抗腐蚀性能是钛的主要特性。钛及钛合金的比强度、比刚度高，抗腐蚀性能、接合性能、高温力学性能、抗疲劳和蠕变性能都很好，具有优良的综合性能，是一种新型的、很有发展潜力和应用前景的结构材料。目前，钛及其合金主要用于航空、航天、军事、化工、石油、冶金、电力、日用品等工业生产中，被誉为现代金属。

本书是钛矿资源采选、钛冶金生产及钛产品、钛材的系列教材之一，其素材主要来自雷霆教授及团队完成的多项国家及省部级钛方面的重大课题，以及收集、整理国内外相关资料基础上编著而成的，期望该书能对我国钛工业的发展有所裨益。书中引用了课题组部分研发报告内容和部分研究生论文，在此，对课题组成员及论文作者对本书的编写和出版给予的帮助表示深深的感谢！

本书共 7 章，邹艳梅老师完成了第 1、2 章的编写，杨志鸿、滕瑜完成了第 3、4 章的编写，张金梁完成了第 5 章的编写，宫伟完成了第 6 章的编写，杨艳华完成了第 7 章的编写。

本书可供从事钛冶金及钛材加工的科研单位、生产企业的工程技术人员参考，也可供大专院校相关专业的教师和学生阅读。

由于作者水平有限，书中若有不妥之处，恳请广大读者不吝赐教。

作者
2018 年 8 月

目　录

1 钛 的 概 况

1.1 钛发展简史

钛一直被认为是一种稀有金属，但它在地壳中的含量并不稀有，它约占地壳质量的0.63%。地壳中的元素按丰度排列，钛排在第十位，仅次于氧、硅、铝、铁、钙、钠、钾、镁和氢，比铜、锌、锡等普通有色金属要丰富得多，而且在岩石、砂粒、土壤、矿物、煤炭和许多动植物中都含有钛。

钛的最重要矿物是金红石（TiO_2）和钛铁矿（$FeTiO_3$）。

钛的主要工业制品有：金属钛及钛合金、二氧化钛颜料（俗称钛白粉）。

1791年，英国传教士兼业余矿冶学家威廉·规格勒（Gregor）牧师首先提出猜测：一种新的未知元素可能存在于他所居住的村庄附近康沃尔郡（Cornwal）（英国）的黑色磁铁砂（钛铁矿）中，经过一系列的试验，测到其中含有59%，但在当时并未发现的金属元素。规格勒以所居住的区域，将其命名为Menacearlite，所以，钛矿又称为Menacearlite矿。1795年，德国化学家马丁·克拉普斯（M. H. Klaproth）分析了来自匈牙利的金红石并且鉴别出一种与规格勒报道一致的未知元素的氧化物。马丁·克拉普斯以希腊神话中宙斯王的第一个儿子Ti-tans之名，将其所发现的金属命名为Titanic Earth。这两处所发现的金属，后来被证明属于同一种元素，学术界仍以Titanium命名，但将发现者之名归于规格勒，以尊重其贡献。该矿砂以苏俄境内的Ilmen山区为主要蕴藏地，因此将含有钛金属的矿物泛称为Ilmenite。

钛金属元素虽然早在18世纪就被发现，但由于钛的化学活性强，难以提取，当时并没有引起人们的重视。直到20世纪初期，钛金属的潜力及钛氧化物的利用才逐渐被发掘出来。

为了从钛矿中分离出金属钛，人们用四氯化钛（$TiCl_4$）作为一个中间步骤做了许多尝试。由于钛与氧和氮反应强烈，实践证明，很难生产出这种具有延展性的高纯钛。早期的实践表明，用钠或镁还原四氯化钛（$TiCl_4$）可产出小批量的脆性金属钛。

1910年，美国科学家亨特（M. A. Hunter）首次用"钠法"提取出了纯钛。

1940年，卢森堡科学家克劳尔（W. J. Kroll）又用"镁法"还原$TiCl_4$提取了纯钛。该工艺是用镁在惰性气氛中还原$TiCl_4$生产钛，得到的钛因多孔且具有海绵外观而被称为"海绵钛"。"镁法"比"钠法"安全，还原物海绵钛更适于后续熔炼，美国首先用此法开始了工业规模的生产，随后，英国、日本、苏联和中国也相继进入工业化生产。Kroll法至今仍是钛的主导生产工艺。

值得注意的是，在研究金属钛的开发之前，$TiCl_4$的工业生产已经存在了，这是因为$TiCl_4$是生产涂料用的高纯二氧化钛的原料。时至今日，仍然有5%的$TiCl_4$用于生产金属钛。

1954 年，美国首先研制成功了 Ti-6Al-4V 钛合金，由于它在耐热性、强度、塑性、韧性、成形性、可焊性、耐蚀性和生物相容性方面均达到较好指标，因而获得广泛应用。

值得一提的是，钛的机械性能与其纯度有密切关系，随着杂质含量增加，其强度升高，塑性陡降。纯钛的强度随着温度的升高而降低，具有比较明显的物理疲劳极限，且对金属表面状况及应力集中系数比较敏感。钛及其合金可进行压力加工、机械切削加工、焊接及其他接合加工。钛与其他六方结构的金属相比，承受塑性变形能力较高，其原因是滑移系较多且易于孪生变形。钛的屈强比（$\sigma_{0.2}/\sigma_b$）较高，一般在 0.70~0.95 之间，弹性较好，变形抗力大（变形抗力也称为变形阻力，是金属抵抗使其塑性变形外力的能力。变形抗力通常用单向拉伸的 σ_s 表示，有时也用 σ_b 或 $\sigma_{0.2}$ 来表示），而其弹性模量相对较低，故加工变形抗力大，回弹性也较严重，因此钛材在加工成型时较困难。

制约钛及钛合金在民用消费品方面获得广泛应用的主要原因是钛的价格较高。如果钛的价格降低，将会出现一个应用广泛、飞速发展的新局面。为寻求降低成本之路，就需要开发新合金、研究新工艺，如钛复合材料和涂、镀层工艺等。

1.2 钛和钛合金制品的应用领域

20 世纪 40 年代后期和 50 年代初期，钛的特性开始引起了人们的关注，特别是在美国，主要由政府资助的一些项目推动了大规模海绵钛生产厂的建设，例如，TIMET 公司（1951 年）和 RMI 公司（1958 年）。在欧洲，大规模海绵钛的生产始于 1951 年的英国化学工业公司金属部（就是后来的汽车工业学会和 Deeside 钛厂），该厂后来成为欧洲主要的钛生产商。在法国，海绵钛生产几年后，于 1963 年停产。在日本，海绵钛的生产始于1952 年，到 1954 年，两家公司——大阪钛公司和 Toho 钛公司已有相当的生产能力。苏联于 1954 年开始生产海绵钛，到 1979 年，苏联已变成世界上最大的海绵钛生产国，世界主要海绵钛生产国产量见表 1.1。

表 1.1 海绵钛产量   （t）

年份	美国	日本	英国	苏联	中国	总数
1979	20800	16200	2200	39000	1800	80000
1980	25400	23200	1800	42600	1800	94800
1982	27600	27300	1400	44400	230	103000
1984	30400	34000	5000	47200	2700	119300
1987	25400	23100	5000	49900	2700	106100
1990	30400	28800	5000	52200	2700	119100

在美国，大约在 1950 年，由于认识到添加铝能增加材料的强度，这极大地促进了合金材料的发展，诞生了添加锡在高温条件下应用的早期 α 合金 Ti-5Al-2.5Sn（除非特殊说明，否则本书中合金组成都以质量分数表示），添加钼作为 β 稳定元素在高强度下应用的 α+β 钛合金 Ti-7Al-4Mo。一个重要的突破是 Ti-6Al-4V 合金于 1954 年在美国的诞生，很快，这种集优异性能和良好生产性能于一身的合金成了最重要的 α+β 钛合金，目前，Ti-

6Al-4V 仍然是应用最广泛的合金。

在英国，合金的开发路径略有不同，其着重于航空发动机在高温下的应用，1956 年，诞生了合金 Ti-4Al-4Mo-2Sn-0.5Si（即后来的 IMI550），这标志着硅作为一种合金元素可改善材料的抗蠕变能力。

第一种 β 钛合金 B120VCA（Ti-13V-11Cr-3Al）是 20 世纪 50 年代中期在美国作为板材合金而开发利用的。从 20 世纪 60 年代开始，这种高强度、可时效硬化的板材合金被用作奇妙的间谍侦察机 SR-71 的机壳。

除了以上持续的合金开发和钛合金在宇宙航天领域的使用不断增加外，在民用方面，纯钛（CP 钛）的使用量也在稳定增长，主要作为非宇宙航空领域的耐蚀材料。除美国之外，日本的纯钛生产引人注目，由于日本国内缺乏宇宙航天工业，故其主要制造和出口纯钛产品。

钛及钛合金的比强度、比刚度高，抗腐蚀性能、接合性能、高温力学性能、抗疲劳和蠕变性能都很好，具有优良的综合性能，是一种新型的、很有发展潜力和应用前景的结构材料。目前，钛及其合金主要用于航天、航空、军事、化工、石油、冶金、电力、日用品等工业领域，被誉为现代金属。

由于钛材质轻、比强度（强度/密度）高，又具有良好的耐热和耐低温性能，因而是航空、航天工业的最佳结构材料。

钛与空气中的氧和水蒸气亲和力高，室温下钛表面形成一层稳定性高、附着力强的永久性氧化物薄膜 TiO_2，使之具有惊人的耐腐蚀性，因此，在当今环境恶劣的行业中，如化工、冶金、热能、石油等工业，得到广泛应用。

钛及钛合金在海水和酸性烃类化合物中具有优异的抗蚀性，无论是在静止的或高速流动的海水中钛都具有特殊的稳定性，从而是海洋技术，特别是在含盐的环境中，如在海洋和近海中进行石油和天然气勘探的优选材料。

钛及钛合金具有最佳的抗蚀性、生物相容性、骨骼融合性和生物功能性，因而被选用为生物医用材料，在医学领域中获得广泛应用。

钛及钛合金还具有质轻、强度高、耐腐蚀并兼有外观漂亮等综合性能，因而被广泛用于人们的日常生活领域，诸如眼镜、自行车、摩托车、照相机、水净化器、手表、展台框架、打火机、蒸锅、真空瓶、登山鞋、渔具、耳环、轮椅、防护面罩、栅栏用外防护罩等。

钛和钛合金制品在部分领域中的应用见表 1.2。2006 年，我国钛加工材制品在不同领域的销售量及比例见表 1.3。化工、体育休闲、航空航天及制盐是我国钛加工材制品的主要应用领域。

表 1.2 钛及钛合金制品在部分民用领域中的应用

应用领域	用 途	优 越 性
化工工业	石油冶炼，染色漂白，表面处理，盐碱电解，尿素设备，合成纤维反应塔（釜），结晶器，泵、阀、管道	耐高温、耐腐蚀，节能
交通类	飞机、舰船、汽车、自行车、摩托车等的气门、气门座、轴承座、连杆、消声器	减轻重量、降低油耗及噪声、提高效率

应用领域	用 途	优 越 性
生物工程	制药器械，医用支撑、支架，人体器官及骨骼牙齿校形，食品工业，杀菌材料，污水处理	无臭、无毒、质轻耐腐，与人体亲和好，强度高
海洋与建筑	海上建筑、海水淡化、潜艇、舰船、海上养殖、桥梁，大厦的内外装饰材料	耐海水腐蚀，耐环境冲击性好
一般工业	电力、冶金、食品、采矿、油气勘探、地热应用、造纸	强度高，耐腐蚀、无污染、节能
体育用品	球杆，马具，攀岩器械，赛车，体育器材	质轻、强度高、美观
生活用品	餐具，照相机，工艺纪念品，文具，烟火，家具，眼镜架、轮椅、拐杖	质轻、强度高，无毒、无臭、美观

表 1.3　2006 年我国钛加工材制品在不同领域的销售量

领域	化工	航空航天	船舶	冶金	电力	医药	制盐	海洋工程	休闲	其他	总计
用量/t	5337	1339	294	279	348	74	580	87	3289	2254	13781
比例/%	38.6	9.7	2.1	2.0	2.5	0.5	4.3	0.6	23.5	16.1	100

1.3　钛和钛合金及钛材制品分类

1956 年，麦克格维伦提出了按照退火状态下相的组成，对钛及钛合金进行分类的方法，即将钛及其合金划分为纯钛、α 钛合金、α+β 钛合金、β 钛合金四类。

传统上，通过 β 同晶型相图，其简图如图 1.1 所示，根据商业钛合金在伪二元相截面图中的位置，将其分为三种类型，即 α 、α+β 和 β 钛合金。纯钛在常温下为密排六方晶体，885℃ 时转变成体心立方结构（β 相），该温度称为 β-Ti 相变点。在纯钛中添加合金元素，根据添加元素的种类和添加量的不同，会引起 β 钛相变点的变化，出现 α+β 两相区。合金化后在室温下为 α 单相的合金称为 α 钛合金，有 α+β 两相的合金称为 α+β 钛合金，在 β 钛相变点温度以上淬火，能得到亚稳定 β 单相的合金称为 β 钛合金。

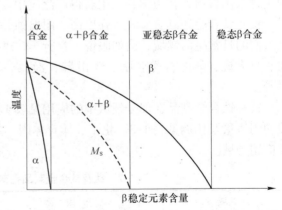

图 1.1　β 同晶型相图的伪二元相截面图

三类合金中的每一种重要商用合金见表 1.4。在表中，给出了每一种合金的常用名称、名义成分和名义 β 相转变温度。

表 1.4 重要的商业钛合金

常用名称		合金组成（质量分数）/%	T_β（β 相转变温度）/℃
α 钛合金和商业纯钛（CP 钛）	1 级	CP-Ti（0.2Fe，0.18O）	890
	2 级	CP-Ti（0.3Fe，0.25O）	915
	3 级	CP-Ti（0.3Fe，0.35O）	920
	4 级	CP-Ti（0.5Fe，0.40O）	950
	7 级	Ti-0.2Pd	915
	12 级	Ti-0.3Mo-0.8Ni	880
	Ti-5-2.5	Ti-5Al-2.5Sn	1040
	Ti-3-2.5	Ti-3Al-2.5V	935
α+β 钛合金	Ti-811	Ti-8Al-1V-1Mo	1040
	IMI 685	Ti-6Al-5Zr-0.5Mo-0.25Si	1020
	IMI 834	Ti-5.8Al-4Sn-3.5Zr-0.5Mo-0.7Nb-0.35Si-0.06C	1045
	Ti-6242	Ti-6Al-2Sn-4Zr-2Mo-0.1Si	995
	Ti-6-4	Ti-6Al-4V（0.20O）	995
	Ti-6-4 ELI	Ti-6Al-4V（0.13O）	975
	Ti-662	Ti-6Al-6V-2Sn	945
	IMI-550	Ti-4Al-2Sn-4Mo-0.5Si	975
β 钛合金	Ti-6246	Ti-6Al-2Sn-4Zr-6Mo	940
	Ti-17	Ti-5Al-2Sn-2Zr-4Mo-4Cr	890
	SP-700	Ti-4.5Al-3V-2Mo-2Fe	900
	β-CEZ	Ti-5Al-2Sn-2Zr-4Mo-4Zr-1Fe	890
	Ti-10-2-3	Ti-10V-2Fe-3Al	800
	β 21S	Ti-15Mo-2.7Nb-3Al-0.2Si	810
	Ti-LCB	Ti-4.5Fe-6.8Mo-1.5Al	810
	Ti-15-3	Ti-15V-3Cr-3Al-3Sn	760
	β C	Ti-3Al-8V-6Zr-4Mo-4Zr	730
	B 120VCA	Ti-13V-11Cr-3Al	700

表 1.4 中所列出的系列 α 合金，包括了各种等级的商业纯钛（CP 钛）和在 β 相转变温度以下，具有良好退火性能的 α 钛合金，在此类 α 钛合金中，含有由铁作为稳定元素的少量 β 相（体积分数为 2%~5%）。β 相有助于控制再结晶 α 晶粒的尺寸和改善合金的耐氢性。4 种不同等级的商业纯钛（CP 钛）的区别在于氧含量的不同，其变化从 0.18%（1 级）到 0.40%（4 级），氧含量的多少决定了材料屈服应力的等级。两种合金，即 Ti-0.2Pd 和 Ti-0.3Mo-0.8Ni 有比商业纯钛（CP 钛）更好的耐蚀性能，它们通常被称为 7 级和 12 级，其铁和氧的含量以商业纯钛（CP 钛）2 级为限。Ti-0.2Pd 有更好的耐蚀性能，但价格比 Ti-0.3Mo-0.8Ni 贵。α 钛合金 Ti-5Al-2.5Sn（含 0.20% 的氧）比商业纯钛（CP 钛）（4 级：480MPa）有更高的屈服应力等级（780~820MPa），它可在多种温度下使用，

最高使用温度可达 480℃，而含有 0.12%氧的极低间隙型 ELI（extra low interstitial），甚至可在低温（-250℃）下使用，它是一种较古老的合金，最早生产于 1950 年，尽管目前在许多领域已被 Ti-6Al-4V 所替代，但在市场上仍有一定份额。

根据钛合金的组织（α、α+β 和 β），对钛合金进行分类是很方便的，但可能引起误解。例如，正如上面所提到的，所有的 α 钛合金都基本上含有少量的 β 相，或许，对 α 合金而言，更好的判断标准是经热处理后的状况，根据此标准，Ti-3Al-2.5V 合金最好划为 α 钛合金，见表 1.4 所示，这种合金经常被称为"半 Ti-6-4"，其拥有优异的冷成型性能，主要被制作成无缝管，用于航天工业和体育用具。

表 1.4 中所列出的系列 α+β 钛合金，在图 1.1 中，有一个从 α/（α+β）边界到室温下，与 M_s 线交叉的范围，因而当从 β 相区域快速冷却至室温时，α+β 钛合金会发生马氏体相变。含少量 β 相稳定元素，体积分数小于 10%的合金也经常被称作"近 α"合金，它们主要用于高温条件下。在 800℃时，含 β 相稳定元素体积分数 15%的 Ti-6Al-4V 合金，这种合金在强度、延展性、耐疲劳性和抗断裂等方面有很好的性能，但最高只能在 300℃下使用。这种极受欢迎合金的 ELI（极低间隙型）具有非常高的断裂韧性值和优异的抗破坏性能。

表 1.4 中所列出的系列 β 合金，实际上都是亚稳态 β 合金，因为它们都位于相图（见图 1.1）中的稳定 α+β 相区域。由于在单一的 β 相区域，稳态 β 合金作为商业用材料并不存在，因此，通常用 β 合金表述，本书中，也用亚稳态 β 合金表述。

β 钛合金的特征在于从 β 相区域以上快冷时并不发生马氏体相变。列于表 1.4 中 β 钛合金最前面的 Ti-6246 和 Ti-17 两种合金，通常可在 α+β 钛合金类中找到。汉堡-哈堡技术大学（The Technical University Hamburg-Harburg）的研究表明，Ti-6246 合金中所出现的马氏体都是由于在常规样本制备期间人工诱导所致，例如，通过光学显微镜、X 射线或透射电镜观察薄片样品，可以发现由机械抛光所致的应力诱导马氏体相变。在钛合金的样品制备过程中，有多种可能形成人工诱导。当采用电化学抛光除掉受机械抛光影响的表面层时，研究表明，在 Ti-6246 合金中并未出现马氏体，这种材料可从氧含量为 0.10%的合金经热处理获得。相反，当对氧含量为 0.15%的合金进行热处理时，从 X 射线衍射结果看，淬火时会形成 α″马氏体，这种 α″马氏体呈大块状组织。对 Ti-17 而言，它较 Ti-6246 含有更多的 β 相稳定元素。有充分的证据表明，Ti-17 合金不会发生马氏体相变。通常，对所有的 β 钛合金而言，相对于从 β 相区域的快速冷却，在 500~600℃的温度范围内进行时效处理时，其屈服应力水平可超过 1200MPa。这种高屈服应力是由于从亚稳态的前驱相中均匀地析出了细晶粒 α 片晶 ω 或 β′，它们或在冷却到室温过程或在再次加热到时效温度过程中形成。经过比较可知，对 α+β 钛合金而言，采用同样的冷却速度和最佳的时效处理后，其能够获得的最大应力仅为 1000MPa，这是因为在冷却过程中，对于不同的合金，相对粗晶粒的 α 相片状体，或按晶团分布，或形成单个的片状体。

虽然在表 1.4 中列出的常用 β 合金的数量不亚于 α+β 钛合金的数量，但值得注意的是，实际上，β 合金的用量在整个钛市场上的比例是很低的。尽管如此，由于 β 合金诱人的性能，特别是其高屈服应力和低弹性模量，在一些领域（如弹簧）的应用，其使用量正在稳步增长。

我国钛合金牌号分别以 TA、TB、TC 作为开头，表示 α 钛合金、β 钛合金、α+β 钛合金。

按工艺方法，钛合金也可分为变形钛合金、铸造钛合金及粉末冶金钛合金等。按使用性能，钛合金可分为结构钛合金、耐热钛合金及耐蚀钛合金。

纯钛具有极为优异的耐腐蚀性能，主要应用于化工、轻工、制盐、建筑等领域。钛合金则具有密度小、强度高、耐高温、抗疲劳等优异性能，主要用于军工和民用航空、航天、国防、生物医学、体育休闲等领域。

在钛合金中，α+β 钛合金 Ti-6Al-4V 的综合性能最为优越，因而获得了最为广泛的应用，成了钛工业中的王牌合金，占全部钛合金用量的80%左右，许多其他的钛合金牌号都是 Ti-6Al-4V 的改型。

由于纯钛和钛合金的主要应用领域不同，各国的优势工业不同，所以纯钛和钛合金在各国钛市场上所占份额也相差很大。在拥有发达的军用及民用航空工业的美国，以 Ti-6Al-4V 为主的钛合金用量约占总量的74%，纯钛用量仅占26%左右。与此相反，在基本没有本国航空工业的日本，纯钛的用量高达90%左右，仅10%左右为钛合金。

在我国，对纯钛和钛合金市场用量细分的资料较少，不过从表1.3钛材制品的主要应用领域，我们可进行粗略的估算。化工和制盐工业基本上使用纯钛，而体育休闲和航空航天领域则基本上使用钛合金材，因此可大致估算出中国市场上纯钛的市场份额为56%左右，钛合金约为44%。

钛锭，包括纯钛和钛合金，经压力加工等后续工艺处理后，得到不同规格、种类、尺寸的钛材制品。按形状大致可分为：

（1）板材：包括厚度大于或等于25.4mm的厚板及厚度小于25.4mm的薄板。

（2）棒材：包括圆棒、方棒等。

（3）管材：包括无缝管及焊管。

（4）其他材制品：包括锻件、丝材铸件等。

2006年我国钛材制品产量（总量与表1.3的数据略有出入）及其所占比例见表1.5。从表中数据可知，板材、棒材和管材制品占总产量的80%左右。

表 1.5 2006 年中国钛材制品产量及比例

种类	板材	棒材	管材	锻材	丝材	铸件	其他	合计
产量/t	5669	3098	2333	462	248	1462	607	13879
比例/%	40.8	22.3	16.8	3.3	1.8	10.5	4.4	100

2 钛及钛合金的主要性质

2.1 物 理 性 质

钛按金属元素计，排地壳中各种元素的第七位，如按金属结构材料计，则仅次于铝、铁、镁而居第四位。

钛为银白色金属，为晶相双变体，相变温度为882℃，低于此温度稳定态为α型，密排六方晶系；高于此温度稳定态为β型，体心立方晶系。

钛位于元素周期表中第四周期第Ⅳ副族，原子序数22，最外层价电子层结构$4s^2 3d^2$，在化合物中，最高价通常呈+4价，有时也呈+3、+2价等。钛的一些主要物理性质见表2.1，光学特性见表2.2。

表 2.1　钛的主要物理性质

相对原子质量		47.88
熔点 $t/℃$		1660
密度 $\rho/g \cdot cm^{-3}$	20℃时（α-Ti）	4.51
	900℃时（β-Ti）	4.32
	1000℃时	4.30
	1660℃（熔点）时	4.11±0.08
沸点 $t/℃$		3302
熔化热 $Q/kJ \cdot mol^{-1}$		15.2~20.6
固体 β-Ti 蒸气压与温度的计算公式		$\lg P^{\ominus} = 141.8 - 3.23 \times 10^5 T^{-1} - 0.0306T$ （1200~2000K）
熔融钛蒸气压与温度的计算公式		$\lg P^{\ominus} = 1215 - 2.94 \times 10^5 T^{-1} - 0.0306T$ （熔点~沸点）
汽化热 $Q/kJ \cdot mol^{-1}$		422.3~463.5
纯钛的热导率 λ 与温度 t（℃）的关系式 $/W \cdot (m \cdot K)^{-1}$		$\lambda = 26.75 - 32.8 \times 10^{-3} t + 8.23 \times 10^{-5} t^2 - 9.70 \times 10^{-8} t^3 + 4.60 \times 10^{-11} t^4$　（$t>0℃$）
工业纯钛的热导率 λ 与温度 t（℃）的关系式 $/W \cdot (m \cdot K)^{-1}$		$\lambda = 17.6 - 4.60 \times 10^{-3} t + 1.47 \times 10^{-5} t^2 + 4.18 \times 10^{-12} t^4$　（$t>0℃$）
磁化率 $\chi_m/m^3 \cdot kg^{-1}$		9.9×10^{-6}

表 2.2 钛的光学特性

光学性质和名称	入射波长 λ/nm							
	400	450	500	550	580	600	650	700
反射率 ε/%	53.3	54.9	56.6	57.05	57.55	57.9	59.0	61.5
折射指数	1.88	2.10	2.325	2.54	2.65	2.67	3.03	3.30
吸收系数	2.69	2.91	3.13	3.34	3.43	3.49	3.65	3.81

为便于比较，钛和钛合金与铁、镍、铝等金属结构材料的相关性质见表 2.3。

表 2.3 钛和钛合金与铁、镍、铝等金属结构材料性质的比较

项 目	Ti	Fe	Ni	Al
熔点/℃	1660	1538	1455	660
相变温度/℃	$\beta \xrightarrow{882} \alpha$	$\gamma \xrightarrow{912} \alpha$	—	—
晶体结构	体心立方→六方晶系	面心立方→体心立方	面心立方	面心立方
（室温）E/GPa	115	215	200	72
屈服应力水平/MPa	1000	1000	1000	500
密度/g·cm⁻³	4.5	7.9	8.9	2.7
相对抗蚀性	极高	低	中	高
与氧的相对反应性	极快	低	低	快
相对价格	极高	低	高	中

2.2 化 学 性 质

钛的化学性质相当活泼，在较高温度下，钛能与很多元素发生反应，各种元素按其与钛发生的不同反应，可分为四类：

第一类：卤素和氧族元素与钛生成共价键与离子键化合物。

第二类：过渡元素、氢、铍、硼族、碳族和氮族元素与钛生成金属间化合物和有限固溶体。

第三类：锆、铪、钒族、铬族、钪元素与钛生成无限固溶体。

第四类：惰性气体、碱金属、碱土金属、稀土元素（除钪外）、锕、钍等不与钛发生反应或基本上不发生反应。

在 -196~500℃ 的温度范围内，在金属钛的外表面会生成一层氧化物保护膜，因此，钛在空气中很稳定。

钛能与所有卤素元素发生反应，生成卤化钛。

钛与氧的反应取决于钛存在的形态和温度，粉末钛在常温空气中，可因静电、火花、摩擦等作用发生剧烈的燃烧或爆炸，但致密钛在常温空气中是很稳定的。

钛在常温下不与氮发生反应，但在高温下（800℃以上），钛能在氮气中燃烧，熔融钛与氮的反应十分激烈。

钛与气体磷在温度高于 450℃ 时发生反应，在温度低于 800℃ 时主要生成 Ti_2P，高于

850℃时生成 TiP。

钛在常温下与硫不发生反应，高温时，熔化硫、气体硫与钛发生反应生成钛的硫化物，熔融钛与气体硫之间的反应特别剧烈。

钛与碳仅在高温下才发生反应，生成含有 TiC 的产物。

钛与氟化氢气体在加热时能发生反应，氯化氢气体能腐蚀金属钛。钛与浓度低于 5% 的稀硫酸反应后，可在钛表面生成保护性氧化膜，避免钛被稀硫酸继续侵蚀，但浓度高于 5% 的硫酸能与钛发生明显反应。

致密而表面光滑的钛对硝酸具有很好的稳定性，但表面粗糙，尤其是海绵钛或粉末钛，能与冷、热稀硝酸发生反应。温度高于 70℃ 时，浓硝酸可与钛发生反应，冒红烟的浓硝酸，即饱和二氧化氮的硝酸溶液，能迅速地腐蚀钛，并可与含锰的钛合金发生剧烈的爆炸反应。

钛在常温下不与王水反应，但温度高时，钛可与王水发生反应，生成 $TiOCl_2$。

钛在常温下不与氨或水反应，但在高温下可与氨发生反应，生成氢化物和氮化物，钛粉末可与沸腾的水或水蒸气发生反应并析出氢。

钛的化合物种类较多，一般划分为钛的简单化合物和钛的络合物两大类。钛的简单化合物又分为钛的酸化物、钛的盐类和钛的金属间化合物三种。

钛的氯化物中，常见的有四氯化钛（$TiCl_4$）、三氯化钛（$TiCl_3$）、二氯化钛（$TiCl_2$）、氯氧化钛（$TiOCl_2$、$TiOCl$）等。

钛的氧化物主要有二氧化钛，其次还有许多低价钛氧化物，如 TiO、Ti_2O_3、Ti_3O_5 等，此外，还有高价钛氧化物，如 TiO_3、Ti_2O_3 等。

钛的氢氧化物主要有二氢氧化钛 [$Ti(OH)_2$]、三氢氧化钛 [$Ti(OH)_3$]、正钛酸（又称 α-钛酸）[H_4TiO_4]、偏钛酸（又称 β-钛酸）[H_3TiO_3]、多钛酸等。

钛的硫化物主要有一硫化钛（TiS）、三硫化二钛（Ti_2S_3）、二硫化钛（TiS_2）等。氮化物主要有 TiN、TiN_2、Ti_2N、Ti_3N、Ti_4N、Ti_3N_4、Ti_3N_5、Ti_5N_6 等。硼化物主要有 Ti_2B、TiB、TiB_2、Ti_2B_5 等。氢化物主要有一氢化钛（TiH）、二氢化钛（TiH_2）等。钛的碳化物也很多，其中最重要的是 TiC。

钛的盐类众多，主要有：（1）钛盐，如正硫酸钛、硫酸氧钛、硝酸钛等。（2）钛酸盐，如钛酸钾、钛酸锶、钛酸铅、钛酸锌、钛酸镍、钛酸镁、钛酸钙、钛酸钡、钛酸锰、钛酸铁、钛酸铝等。（3）卤钛酸盐，如六氟钛酸钠、六氟钛酸钾、六氯钛酸钾、六氯钛酸钠等。

钛的有机化合物种类繁多，主要分为钛酸酯及其衍生物、有机钛化合物、含有机酸的钛盐或钛皂三类。

值得一提的是，尽管钛具有很高的比强度，但由于其价格昂贵，故仅在某些特定的应用领域才选择钛。造成钛价格高的主要原因是钛和氧非常容易起反应，在从四氯化钛生产海绵钛以及钛的熔炼过程中都需要使用惰性气体保护或在真空条件下熔炼。其他的主要成本要素还包括能源和高的粗四氯化钛成本。另一方面，由于钛易与氧反应，当钛暴露于空气中时，立即在表面生成一层稳定的氧化物附着层，这使得钛在各种腐蚀性的环境中，尤其是在酸性水溶液环境中，具有优越的抗腐蚀性能。铝是钛在轻质结构材料应用方面的主要竞争对象，由于钛的熔点比铝高得多，这就使得钛在约 150℃ 的使用温度时比铝具有明显的优势。由于钛极易与氧反应，这限制了钛合金的最高使用温度为 600℃，超过这个温度，氧通过表面氧化层的扩散速度变得很快，会导致氧化层过度增长以及紧邻的钛合金富氧层的脆化。

2.3 晶 体 结 构

在 882℃时，纯钛发生同素异构转变，由较高温度下的体心立方晶体结构（β 相）转变为较低温度下的密排六方晶体结构（α 相）。间隙元素和代位元素对转变温度影响很大，因此，准确的转变温度取决于金属的纯度。α 相的密排六方晶胞如图 2.1 所示，图中同时给出了室温下的晶格常数 a（0.295nm）和 c（0.468nm），α 纯钛的 c/a 比是 1.587，小于密排六方晶体结构的理想比例 1.633。图 2.1 还表示出三个最密集排列的晶面类型：（0002）面，也称为基面；3 个 {1010} 面之一，也称为棱柱面；6 个 {1011} 面之一，也称为棱锥面。a_1，a_2 和 a_3 三个轴是指数为 <1120> 的密排方向。β 相的体心立方晶胞（bcc）如图 2.2 所示，该图也表示出了一种 6 个最密集排列 {110} 的晶格面类型，给出了纯 β 钛在 900℃时的晶格常数（$a = 0.332$nm）。密排的方向是四个 <111> 的方向。

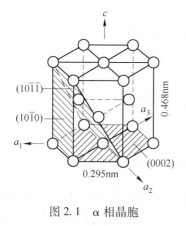

图 2.1 α 相晶胞

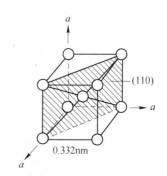

图 2.2 β 相晶胞

2.4 弹 性 特 征

α 相的密排晶体结构固有的各向异性特征对钛及钛合金的弹性有重要影响。室温下，纯 α-Ti 单个晶体的弹性模量 E 随晶胞 c 轴与应力轴之间的偏角 γ 变化的关系如图 2.3 所示，从图中可以看出，弹性模量 E 在 145GPa（应力轴与 c 轴平行）和 100GPa（应力轴与 c 轴垂直）之间变化。类似的，当在 <1120> 方向的（0002）或（1010）面施加剪切应力时，单个晶体的剪切模量 G 发生强烈变化，数值在 34~46GPa 之间，而具有结晶组织的多晶 α-Ti，其弹性特征的变化则没有那么明显。弹性模量的实际变化取决于组织的性质和强度。

对于多晶无组织 α-Ti 而言，随着温度的升高，其弹性模量 E 和剪切模量 G 几乎呈直线下降，如图 2.4 所示。从图中也可看出，其弹性模量 E 由室温时的约 115GPa 下降到 β 转变温度时的约 85GPa，而剪切模量 G 在同一温度范围内由约 42GPa 下降到 20GPa。

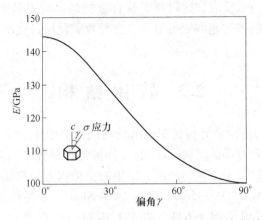

图 2.3　α-Ti 单晶体的弹性模量 E 随偏角 γ 的变化关系

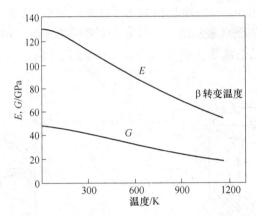

图 2.4　α-Ti 多晶体的弹性模量 E 和剪切模量 G 随温度的变化关系

　　由于 β 相不稳定，故在室温下，无法测定纯钛 β 相的弹性模量。对于含充裕的 β 相稳定元素的二元钛合金，如含钒 20% 的 Ti-V 合金，通过急冷方式可以使亚稳态的 β 相在室温下存在。在水淬条件下，Ti-V 合金弹性模量 E 的数据见图 2.5。弹性模量与成分的关系可以在含钒 0~10%，10%~20% 和 20%~50% 三种不同情况下进行讨论。

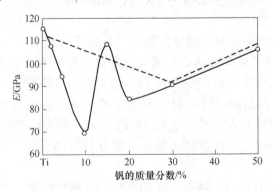

图 2.5　Ti-V 合金的弹性模量

实线—24h，900℃；虚线—600℃，退火

从图 2.5 中可以看出，当含钒量在 20%~50% 之间时，β 相的弹性模量 E 值随含钒量的增加而升高，在含钒 20% 时的值最小，为 85GPa。从图 2.5 中也可看出，β 相的弹性模量通常比 α 相低。例外的是，当含 15% 的钒时，弹性模量 E 最大，这与被称为非热 ω 相的形成有关。对于含有 β 相稳定元素的钛马氏体，当钒含量从 0 增至 10% 时，弹性模量 E 急剧降低。含量的最大与最小值都跟 α+β 相退火导致的弹性模量 E 消失有关（见图 2.5 的虚线），弹性模量 E 沿着 α+β 边界区域间的连线移动，其走向可根据混合原理推测。同样的，对于 Ti-Mo，Ti-Nb 和其他含有 β 相稳定元素的二元合金，其含量与弹性模量 E 也有相类似的关系。对于含有 β 相稳定元素（见图 2.5 中，含量范围 0~10%）的马氏体，其模量值急剧下降的常规解释是：在载荷应力诱变马氏体过程中，因残留亚稳态 β 相的改变，从而导致了低弹性模量物质的出现，但研究表明，Ti-7Mo 在弹性模量 E 只有 72GPa 时，其组织为 100% 马氏体，并不含任何的残留亚稳态 β 相，因此，弹性模量的急剧下降似乎直接是受 β 稳定元素的严重影响，并降低了晶格间的结合力。值得注意的是，一些该类合金的马氏体还显示出螺旋分解趋势，相反的，最常见的 α 稳定元素（铝）可增加 α 相的弹性模量。对固溶体而言，其含量与弹性模量 E 的关系无规律性。如在 Ti-Al 系中，它表现出规则排列的趋势，同时共价键在增加。

一般情况下，商用 β 钛合金的弹性模量 E 值比 α 钛合金和 α+β 钛合金的低，在淬火条件下，标准值为 70~90GPa。退火条件下，商用 β 钛合金的弹性模量 E 值为 100~105GPa；纯钛为 105GPa；商用 α+β 钛合金大约为 115GPa。

2.5 形变模式

密排六方 α 钛合金的延展性，尤其在低温下，除受常规的位错滑移影响外，还受孪晶畸变活化的影响。这些孪晶模式对于纯钛和一些 α 钛合金的畸变很重要。尽管在两相 α+β 合金中，由于微晶、高掺杂物和析出 Ti_3Al，孪晶几乎被抑制，但在低温下，因微晶的存在，这些合金具有很好的延展性。

体心立方的 β 钛合金除受位错滑移影响外，还受孪晶的影响，但在 β 钛合金中，孪晶只发生在单一相中，并且随掺杂物的增加而减少。将 β 钛合金热处理后，β 钛合金会因 α 粒子的析出而硬化，同时孪晶被完全抑制。这些合金在成型加工过程中，可能会出现孪晶。一些商用 β 钛合金也可形成畸形诱变马氏体，它可强化 β 钛合金的成型性。畸形诱变马氏体的形成对合金成分非常敏感。

2.5.1 滑移模式

密排六方晶包 α-Ti 的不同滑移面和滑移方向如图 2.6 所示。主要滑移方向是沿 <1120> 的三个密排方向。含 *a* 伯格斯（Burgers）矢量型的滑移面为（0002）晶面，三个 {1010} 晶面和六个 {1011} 晶面。这三种不同的滑移面和可能的滑移方向能组成 12 个滑移系（见表 2.4），实际上，它们可简化为 8 个独立的滑移系，并且还可减少到仅为 4 个独立的滑移系，因为由滑移系 1 和 2（见表 2.4）相互作用产生的形变，实际上与滑移系 3 是完全一致的，因此，如果 von Mises 准则正确，那么一个多晶体的纯塑性形变至少需要 5 个独立的滑移系，一个具有所谓非伯格斯矢量滑移系的激活，或者是 [0001] 滑移

方向的 **c** 型或是<1123>滑移方向的 **c+a** 型（参见图 2.6 和表 2.4）。**c+a** 型位错的存在已通过 TEM 在许多钛合金中检测到。如果只是判断这种 **c+a** 型位错的存在，那么 von Mises 准则是否正确不太重要，但是如果对多晶物质中的微粒施加与 c 轴同方向的应力，那么，要确定是哪一个滑移系被激活，这就需要借助 von Mises 准则了。在此情况下，**a** 型伯格斯矢量滑移系和 **c** 型伯格斯矢量位错都不被激活，因为二者的 Schmidt 因子都为零。从具有 **c+a** 伯格斯矢量位错可能的滑移面看，{1010} 滑移面是不能被激活的，因为它平行于应力轴，对于其他可能的滑移面，{1122} 面比 {1011} 面

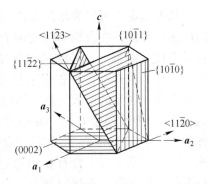

图 2.6　密排六方 α 相中的滑移面
和滑移方向

更接近 45°（具有更高的 Schmidt 因子）方向，假定两类滑移面的临界分切应力（CRSS）都相同，那么对于 α-Ti，具有非伯格斯矢量滑移系中最可能被激活的是<1123>方向的 {1122} 滑移面。见表 2.4 中的第 4 类滑移系。

表 2.4　密排六方 α 相中的滑移系

滑移系类型	伯格斯矢量类型	滑移方向	滑移面	滑移系数量	
				总数	独立系数量
1	**a**	<1120>	(0002)	3	2
2	**a**	<1120>	{1010}	3	2
3	**a**	<1120>	{1011}	6	4
4	**c+a**	<1123>	{1122}	6	5

实际上，在 **c+a** 滑移系和 **a** 滑移系中，临界分切应力（CRSS）的差别较大，这已在 Ti-6.6Al 单晶中测出（见图 2.7），在无组织的多晶 α-Ti 中，沿 **c+a** 滑移方向形成的微粒百分数是相当低的，因为即便在应力轴与 c 轴偏离大约 10°的范围内，沿 **a** 滑移方向的激活也很容易。

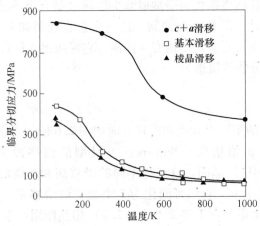

图 2.7　Ti-6.6Al 单晶中，具有 **a** 和 **c+a** 伯格斯矢量滑移下的温度和
临界分切应力（CRSS）的关系

临界分切应力（CRSS）绝对值的大小基本上取决于合金的组成和测试温度（见图2.7）。室温下，具有基本（**a**型）伯格斯矢量的三种滑移系的临界分切应力（CRSS）差别很小，即为：$\{10\bar{1}0\} < \{10\bar{1}1\} < \{0002\}$，如温度升高，则这种差异更小（见图2.7）。

正如二元 Ti-V 合金所表示出的，体心立方（bcc）β钛合金的滑移系是 $\{110\}$，$\{112\}$ 和 $\{123\}$，它们都具有<111>型的伯格斯矢量，这与通常观测到的体心立方（bcc）金属的滑移模式相一致。

2.5.2 孪晶形变

在纯 α-Ti 中，观察到的主要孪晶模式为 $\{10\bar{1}2\}$，$\{11\bar{2}1\}$ 和 $\{11\bar{2}2\}$。α-Ti 三种孪晶系的晶体要素列于表2.5。低温下，如应力轴平行于 c 轴，并且基于伯格斯矢量的位错不发生，那么，孪晶模式对塑性变形和延长性极为重要，此时，形变拉力导致沿 c 轴的拉伸，使 $\{10\bar{1}2\}$ 和 $\{11\bar{2}1\}$ 面的孪晶被激活。最常见的孪晶为 $\{10\bar{1}2\}$ 型，但它们具有最小的孪晶切应力（见表2.5）。图2.8所示为具有更大孪晶切应力的 $\{11\bar{2}1\}$ 型孪晶的形变。施加平行于 c 轴的压力载荷时，沿着 c 轴方向，受压的 $\{11\bar{2}2\}$ 孪晶被激活，孪晶沿 $\{11\bar{2}2\}$ 的形变如图2.9所示。施加压力载荷后，在相对高的形变温度，即400℃以上，也能观测到 $\{10\bar{1}1\}$ 孪晶的形变。

表 2.5 α-Ti 的孪晶形变要素

孪晶面（第一次未成形面）(K_1)	孪晶切应力方向 (η_1)	第二次未成形面 (K_2)	K_2（η_1）下的切应力截面方向	垂直于 K_1 和 K_2 的切应力面	孪晶的切应力等级
$\{10\bar{1}2\}$	$<\bar{1}011>$	$\{10\bar{1}2\}$	$<10\bar{1}1>$	$\{1\bar{2}10\}$	0.167
$\{11\bar{2}1\}$	$<\bar{1}\bar{1}26>$	(0002)	$<11\bar{2}0>$	$\{1\bar{1}00\}$	0.638
$\{11\bar{2}2\}$	$<11\bar{2}\bar{3}>$	$\{11\bar{2}4\}$	$<22\bar{4}3>$	$\{1\bar{1}00\}$	0.225

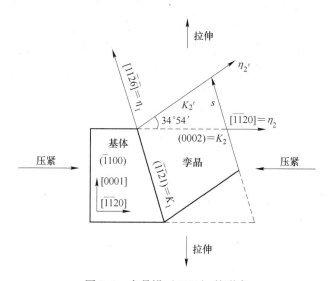

图 2.8 孪晶沿 $\{11\bar{2}1\}$ 的形变

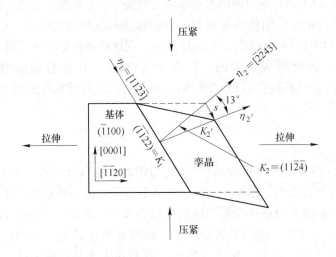

图 2.9　孪晶沿 {1122} 的形变

α-Ti 中，掺杂原子浓度的增加，例如氧、铝的增加，可抑制孪晶的生成，因此，在纯钛或在低氧浓度的纯钛（CP 钛）中，孪晶的形变仅在平行于 c 轴的方向发生。

2.6　相　　图

钛的合金元素通常可分为 α 稳定元素和 β 稳定元素，这取决于它们是增加或降低钛的 α/β 转变温度，纯钛的 α/β 转变温度为 882.0℃。

代位元素铝和间隙元素氧、氮和碳都是很强的 α 稳定元素，随这些元素含量的增加，其转变温度升高，这可从图 2.10 看出。铝是钛合金中应用最广泛的合金元素，因为它是唯一能提高转变温度的普通金属，并且在 α 和 β 相中都能大量溶解。在间隙元素中，氧之所以被看作是钛的合金元素，是因为氧的含量通常能决定所希望的强度等级，这在不同等级的纯钛（CP 钛）中尤为明显。其他的 α 稳定元素还包括硼、镓、锗和一些稀有元素，但与铝和氧相比较，它们的固溶度都很低，通常不作为钛的合金元素使用。

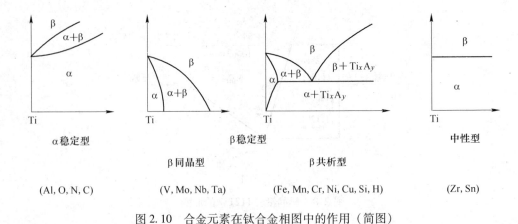

图 2.10　合金元素在钛合金相图中的作用（简图）

β 稳定元素分为 β 同晶型元素和 β 共析型元素，这取决于二元相图中的具体情况，这两种类型的相图如图 2.10 所示。钛合金中，最常用的 β 同晶型元素是钒、钼和铌，如果这些元素的含量足够高，就有可能使 β 相在室温下也能维持稳定。其他属于此类的元素还有钽和铼等，考虑到密度因素，它们很少被使用或根本不用。从 β 共析型元素看，铬、铁和硅已在很多钛合金中使用，而镍、铜、锰、钨、钯和铋的使用却非常有限，它们仅被用于 1 种或 2 种特殊用途的合金。其他的 β 共析型元素，如钴、银、金、铂、铍、铅和铀，在钛合金中根本不使用。应该提到的是，氢也属于 β 共析型元素，在 300℃ 的低共析温度时，利用与高扩散性氢反应的原理，发明了一种微结构提纯的特殊工艺，即所谓的加氢/脱氢（HDH）工艺，HDH 工艺将氢作为一种临时的合金元素。通常情况下，在商业纯钛（CP 钛）和钛合金中，因为存在氢脆的问题，故其含量被严格限制在（125～150）×10^{-6} 之间。

另外还有一些元素，如锆、铪和锡，它们的行为基本上属中性型（见图 2.10），因为它们降低 α/β 转变温度的程度非常小，而当其含量增加时，转变温度会再次升高。锆和铪属同晶型元素，因此，二者都存在由 β 向 α 同素异构相的转变，它们能完全溶于 α 相和 β 相的钛中。相反，锡属于 β 共析型元素，但基本上对 α/β 相的转变温度没有影响。许多商用多元合金中都含有锆和锡，但在这些合金中，两种元素都被认为是 α 稳定元素，这是因为锆和钛的化学性质相似，而锡可替代六方排列的 Ti_3Al 相（$α_2$）中的铝。当锡替代铝时，其作用可看作 α 稳定型。该例表明，基于 Ti-X 二元系，由于合金元素的相互作用，要完全弄明白钛合金的行为是很困难的。罗森伯格（Rosenberg）曾试图表述 α 稳定元素在多成分钛合金中的作用，建立了等效铝含量的计算公式：$[Al]_{eq} = [Al] + 0.17[Zr] + 0.33[Sn] + 10[O]$。

关于不同的合金元素对 α 和 β 相稳定性的影响以及考虑到电子和热力学因素的更多详细资料，可从柯林斯（Collings）的综述性论文中查找。

虽然所有的钛二元平衡相图都已包括在 ASM 合金相图手册中，但有必要对以下几个最重要的合金相图为例进行讨论。

正如上面已指出的，铝是最重要的 α 稳定元素，在很多钛合金中获得了应用。从图 2.11 所示的二元 Ti-Al 合金相图可以看出，随着铝含量的增加，将生成 Ti_3Al（$α_2$）相，α+Ti_3Al 两相大约在含铝 5%、温度为 500℃ 时形成。为了避免在 α 相中局部出现 Ti_3Al 的聚集，在大部分钛合金中，铝质量分数被限制在 6%。从图 2.11 中还可看出，当铝质量分数为 6% 时，其转变温度已从纯钛的 882℃ 升高到大约 1000℃，进入 α+β 二相区。除常规的钛合金，Ti-Al 相图还是研究 Ti-Al 金属间化合物的基础，基于两种金属间化合物 Ti_3Al（$α_2$ 合金与斜方变异晶，Ti_2AlNb 合金）和 TiAl（γ 合金）的新合金正在研发中。

在三种最重要的 β 同晶型元素（钒、钼和铌）中，选择 Ti-Mo 二元相图（见图 2.12）进行讨论，这是因为在多元钛合金的所有 β 相稳定元素中，以钼的等效含量最容易计算（与铝的等效含量类似）。图 2.12 所示为一张老版本的相图，摘自汉森（Hansen）1958 年出版的《二元合金结构》一书（第二版），新版相图显示，在钼质量

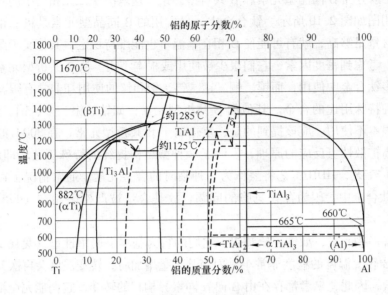

图 2.11　Ti-Al 相图

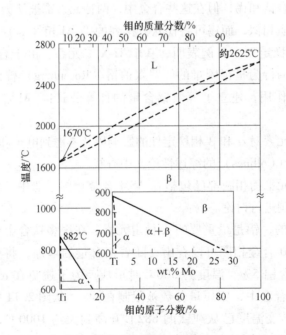

图 2.12　Ti-Mo 相图

分数超过 20% 时，存在一个混溶区，在 α+β 相区以外的混溶区内，β 相分成了 β'+β 两个体心立方（bcc）相。常规钛合金中，钼的最大质量分数为 15%，因此，该混溶区的存在，只是增加了讨论的复杂性，无助于了解合金元素含量对合金性能的影响。另外，从图 2.12 中可以看出，钼质量分数为 15% 时，能够使 β→α+β 的转变温度从纯钛的882℃ 降低到大约 750℃。从图 2.12 中还可看出，钼在 α 相中的固溶度很低（小于

1%)。Ti-V 和 Ti-Nb 相图与图 2.12 很相似，15%的钒质量分数，也是常规钛合金中钒的最大质量分数，此时，β→α+β 的转变温度降低到大约 700℃。680℃时，钒在 α 相中的最大固溶度约为 3%，这已比钼的固溶度高多了。常规钛合金中，铌的质量分数保持在 1%~3%之间，比钼和钒的最大量低得多。铌对 β→α+β 转变温度的影响跟钼相似，铌含量为 15%时，转变温度可降至大约 750℃。

在 β 共析型元素中，选择 Ti-Cr 二元相图，如图 2.13 所示，进行讨论。从图中可以看出，铬是一种有效的 β 稳定元素，在含铬大约 15%的共析点，共析温度为 667℃。应注意，铬的共析溶解非常缓慢，所以在常规钛合金中，铬的质量分数都低于 5%，以避免金属间化合物 TiCr$_2$ 的生成，唯一的例外是在 SR-71 飞机中，使用的老牌号 B120VCA 合金中含有 11%的铬，这种合金不稳定，因为长时间在高温下，会析出 TiCr$_2$，致使其延展性降低，因此，希望避免在此类合金中形成共析化合物。所有 β 共析型元素的特征就是在 α 相中的固溶度低，例如在 Ti-Cr 系（见图 2.13）中，铬的最大固溶度只有约 0.5%，因此，几乎所有的 β 共析型元素都进入到 β 相。第二种常使用的 β 共析型元素是铁，它甚至是比铬更强的 β 稳定元素，Ti-Fe 系中的共析温度大约是 600℃。研发的 TIMET 合金"低成本 β"（LCB），即 Ti-1.5Al-5.5Fe-6.8Mo 证实，在商业钛合金中，当铁含量增加到最大值 5.5%时，可以避免金属间化合物的生成。例外的是，作为 β 共析型元素硅，却希望它形成化合物，主要应用在高温钛合金中，此时形成的金属间化合物 Ti$_5$Si$_3$，能改善合金的蠕变性能。

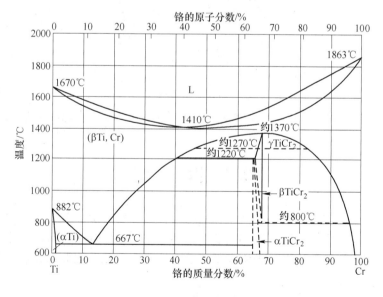

图 2.13 Ti-Cr 相图

需要强调的是，大部分的商用钛合金都是多元合金，如前所述的二元相图仅能作定性指导，原则上应使用三元或四元相图。图 2.14 所示为 Ti-Al-V 系在高含钛区域，1000℃、900℃和 800℃的简略等温截面图。

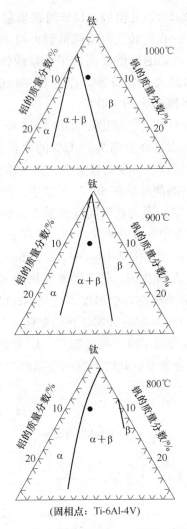

（固相点：Ti-6Al-4V）

图 2.14　Ti-Al-V 三元相图在 1000℃、900℃ 和 800℃ 的等温截面图

2.7　相　变

在纯钛（CP 钛）和钛合金中，体心立方（bcc）β 相向密排六方 α 相的转变，可发生在马氏体中，或通过控制晶核扩散和生长工艺来实现，但这取决于冷却速度和合金的组成。在 α 和 β 相之间，伯格斯首先研究了锆的晶体取向关系，因此以其名字命名为伯格斯关系：

$$(110)_\beta \parallel (0002)_\alpha$$
$$[111]_\beta \parallel [1120]_\alpha$$

这个关系在钛的研究中得到了证实。根据此关系，对于原 β 相晶体，由于有不同的取向，故一种体心立方（bcc）晶体可以转变为 12 种六方变型晶体。伯格斯关系严格遵循马氏体转变和常规的形核和生长规律。

2.7.1　马氏体相变

马氏体相变是因剪切应力使原子发生共同移动而引起的，其结果是在给定的体积内使体心立方晶格（bcc）微观均质转变为六方晶体。体积转变通常为平面移动，对大部分钛合金而言，或从几何角度更好地描述成盘状移动。整个切变过程可简化为如下切变系的激活：$[111]_\beta$（112）$_\beta$ 和 $[111]_\beta$（101）$_\beta$ 或在六方晶中标记为 $[2113]_\alpha$（2112）$_\alpha$ 和 $[2113]_\alpha$。六方晶马氏体标记为 α'，存在两种形态：板状马氏体（又称为条状或块状马氏体）和针状马氏体。板状马氏体只能出现在纯钛和低元素含量的合金中，并且在合金中的马氏体转变温度很高。针状马氏体出现在高固溶度的合金中（有较低的马氏体转变温度）。板状马氏体由大量的不规则区域组成（尺寸在 $50\sim100\mu m$ 之间），用光学显微镜观察时看不到任何清楚的内部特征，但在这些区域里，包含大量几乎平行于 α 板状的块状或条状（厚度在 $0.5\sim1\mu m$ 之间）微粒，它们属于相同的伯格斯关系变形体。针状马氏体由单个 α 板状的致密混合体组成，每个致密混合体有不同的伯格斯关系变形体，见图 2.15。通常，这些板状马氏体有很高的位错密度，有时还有孪晶。六方 α' 马氏体在 β 稳定剂中是过饱和的，在 $\alpha+\beta$ 相区域以上退火时，位错析出的无规则 β 粒子进入 $\alpha+\beta$ 相或板状边界的 β 相。

Ti-6Al-4V β 相区域淬火后的针状马氏体如图 2.15 所示。

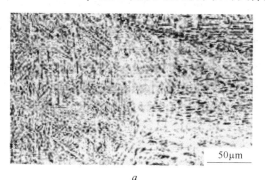

50μm　　　　　　　　　　　　　　　　　1μm

a　　　　　　　　　　　　　　　　　　　　*b*

图 2.15　Ti-6Al-4V β 相区域淬火后的针状马氏体

a—LM；*b*—TEM

随固溶度的增加，马氏体的六方结构会变形，从晶体学观点看，晶体结构失去了它的六方对称性，可称为斜方晶系。这种斜方晶马氏体标记为 α''。根据固溶度的大小，一些含转变元素的二元钛系（见表 2.6）的 α'/α'' 边界是呈平面形的。而对于斜方晶马氏体，在 $\alpha+\beta$ 相区域以上退火时，初始分解阶段，在固溶度低的 α'' 和固溶度高的 α'' 区域，似乎呈曲线形分解，形成一个有特点的可调节微结构。最后，析出 β 相（$\alpha''_贫+\alpha''_富\rightarrow\alpha+\beta$）。纯钛的马氏体初始温度（$M_s$）取决于氧、铁等杂质的含量，但大约在 850℃ 左右，它随着 α 稳定型元素，如铝、氧含量的增加而升高；随 β 稳定型元素含量的增加而降低。表 2.7 表明，一些转变元素的溶解量可使马氏体初始温度（M_s）低至室温以下。采用二元系的这些数值，对多元合金，可以依据钼等效含量，建立一个描述 β 相稳定元素单独作用的定量原则，即：

$$[Mo]_{当量} = [Mo] + 0.2[Ta] + 0.28[Nb] + 0.4[W] + 0.67[V] + 1.25[Cr] + 1.25[Ni] +$$
$$1.7[Mn] + 1.7[Co] + 2.5[Fe]$$

表 2.6   一些含转变元素的二元钛系 α′/α″（六方晶/斜方晶）马氏体边界的组成

α′/α″边界	w(V)	w(Nb)	w(Ta)	w(Mo)	w(W)
质量分数/%	9.4	10.5	26.5	4	8
原子分数/%	8.9	5.7	8.7	2.0	2.2

表 2.7   二元钛合金中室温下保留 β 相时的一些转变元素的质量分数

元素	w(V)	w(Nb)	w(Ta)	w(Cr)	w(Mo)	w(W)	w(Mn)	w(Fe)	w(Co)	w(Ni)
质量分数/%	15	36	50	7.4	10	25	6	4	6	8
原子分数/%	14.2	22.5	20.9	7.4	5.2	8	5.3	3.4	4.9	6.6

值得注意的是，需要十分谨慎地量化使用此方程。尽管如此，它仍然是一个有用的定性评价工具，与罗森伯格（Rosenberg）导出的铝等效含量一样，人们可以对既定化学组成的某种合金的期待组元作出估算。

体心立方晶格（222）面发生 β→ω 转变的示意图如图 2.16 所示，尽管不涉及钛合金的任何实际应用，但应该提及的是，在许多钛合金中，都有马氏体转变受到抑制的问题，β 相淬火后，析出一种所谓的非热相——ω 相，ω 相以极细颗粒（尺寸在 2~4nm 之间）均匀分布。普遍认为，在发生马氏体转变前存在一个前驱体，因为此非热转变在体心立方（bcc）晶格的<111>方向存在一个切变位移，见图 2.16 中的体心立方（bcc）晶格（222）面。从晶体学的观点看，非热 ω 相在富 β 稳定型合金中呈三角对称，而在斜方晶合金中则

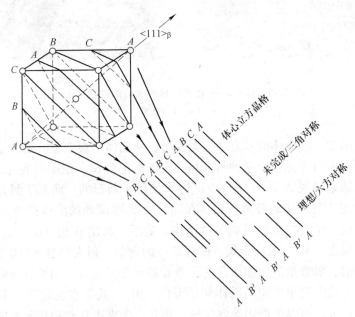

图 2.16   体心立方晶格（222）面发生 β→ω 转变的示意图

呈六方对称（非六方密堆结构）。从六方对称向三角对称的转变是随合金元素含量连续变化的。按体心立方（bcc）β 结构位错移动的观点，ω 微粒是一种具有可扩散性的共格晶面，其结构是一种可发生弹性变形的体心立方（bcc）晶格，也就是说，β 相内的位错移动可以阻断 ω 粒子的 4 种形变。在亚稳态 ω+β 相区域以上退火时，非热 ω 相长大，形成所谓的等温 ω 相，它与非热 ω 相具有相同的晶体对称性，但相对于 β 相，其固溶度更小。

2.7.2　形核与扩散生长

当钛合金以极小的冷却速度从 β 相进入 α+β 相区域时，相对于 β 相而言，不连续的 α 相首先在 β 相晶界上成核，然后沿着 β 相晶界形成连续的 α 相层。在连续的冷却过程中，片状 α 相或是在连续的 α 相层形核，或在 β 相自身晶界上形核，并生长到 β 相晶粒内部而形成平行的片状 α 相，它们属于伯格斯关系的相同变体（又称为 α 晶团），它们不断地在 β 相晶粒内部生长，直到与在 β 相晶粒的其他晶界区域上形核并符合另一伯格斯关系变体的其他 α 晶团相遇，这一过程通常被称作交错形核和生长。个别的 α 相片状体会在 α 晶团内部被残留的 β 相基体分离开，这种残留的 β 相基体通常被错误地称为 β 相片状体。α 和 β 相片状体也经常被称作 α 和 β 相层状体，所形成的微结构称为层状微结构。作为一个例子，如图 2.17 所示，针对 Ti-6Al-4V 合金，这些微结构可以从 β 相区域通过慢冷获得。通过此类慢冷获得的材料中，α 晶团的尺寸可以达到 β 晶粒尺寸的一半。

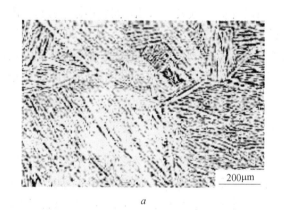

图 2.17　Ti-6Al-4V 合金从 β 相区域慢冷时得到的层状 α+β 微结构

a—LM；*b*—TEM

在一个晶团中，α 和 β 片状体之间的晶体学关系如图 2.18 所示。从图 2.18 中可以看出，$(110)_\beta // (0002)_\alpha$ 和 $[111]_\beta // [1120]_\alpha$ 严格遵循伯格斯关系，α 相片状体的平面平行于 α 相的（1100）平面和 β 相的（112）平面。这些平面几乎是等轴成形（环状成形），其直径通常被称为 α 片状体长度。

随着冷却速度的加快，α 晶团的尺寸以及单个 α 片状体的厚度都随之变小。在 β 晶界形核的晶团，无法填满整个晶粒内部，晶团也开始在其他晶界面形核。为使总的弹性应力最小，新的 α 相片状体是以"点"接触的方式在已存在的片状 α 相表面成核并在与其几乎垂直的方向上生长。这种在晶团中少量的 α 相片状体的选择形核和生长机理，形成了

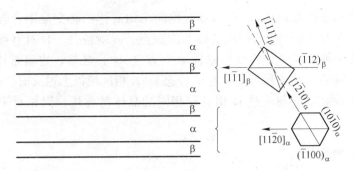

图 2.18　在 α 晶团中 α 片状体和 β 基相之间的晶体学关系简图

一种较独特的微结构，称为"网篮"状结构或韦德曼士塔滕（Widmanstätten）结构。在确定的冷却速度下，这种"网篮"状结构经常可在含较高 β 相稳定元素，特别是含较低扩散能力元素的合金中观察到。需要指出的是，在从 β 相区域开始连续的冷却过程中，非连续的 α 相片状体不能通过 β 基相均质形核。

2.8　硬　化　机　理

金属材料的 4 种不同硬化机理（固溶体硬化、高位错密度硬化、边界硬化和沉积硬化）中，固溶体硬化和沉积硬化适用于所有商用钛合金。边界硬化在 α+β 合金从 β 相区域快速冷却过程中起重要作用，它能减小 α 晶团尺寸而变成几个 α 相片状体或者引起马氏体相变。在这两种情况下，高位错密度也有助于硬化。需要指出的是，钛中的马氏体比 Fe-C 合金中的马氏体软，这是因为间隙氧原子只能引起钛马氏体中的密排六方晶格发生很小的弹性形变，这与碳和氮能引起黑色金属马氏体中的体心立方晶格发生剧烈的四方晶格畸变形成了鲜明的对比。

2.8.1　α 相硬化

间隙氧原子可使 α 相明显硬化，这可从氧含量在 0.18%～0.40% 之间（见表 1.4）的 1～4 级商业纯钛（CP 钛）屈服应力值的比较中得到最好的说明。随着氧含量的增加，应力值从 170MPa（1 级）增加到 480MPa（4 级）。商业钛合金根据钛合金的类型，氧含量在 0.08%～0.20% 之间变化。α 相的置换固溶硬化主要是由相对于钛具有更大的原子尺寸且在 α 相中具有较大固溶度的铝、锡和锆等元素引起的。

α 相的沉积硬化是由于 Ti_3Al 共格离子的析出而发生的，此时合金中大约含 5% 以上的铝（见图 2.11）。Ti_3Al 和 α_2 粒子以密排六方结构排列，晶体学上称为 DO_{19} 结构。由于它们的结构一致，它们会因位错移动而发生剪切，结果导致了平面滑移和相对于边界的大量位错积聚。随着尺寸的增加，这些 α_2 粒子变成了椭圆形状，长轴平行于密排六方晶格的 c 轴，由于氧和锡元素的存在，它们更稳定，这些元素可以使 $\alpha+\alpha_2$ 相在更高的温度下存在，此时，锡替代了铝，而氧仍为间隙氧原子。

在 α+β 两相区域以上对 α+β 合金进行退火后，重要的合金元素发生分化，α 相中富集了 α 稳定元素（铝、氧、锡）。共格的 α_2 粒子在 α 相中经时效析出，占据大量体积，例如，时效温度为：500℃（Ti-6Al-4V，IMI 550），550℃（IMI 685），595℃（Ti-6242）或700℃（IMI 834）时。从 IMI 834 合金的暗场透射电子显微镜照片（图2.19）可以看到均质高密度的 α_2 粒子在 α 相中的分布情况。

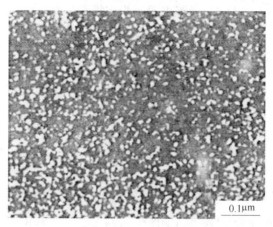

图 2.19　α_2 粒子在 IMI 834 合金中的暗场透射电子显微镜照片

（700℃ 时效 24h）

在纯 α-Ti 中，随着含氧量的增加，发现其微结构从波纹状滑移变化到平面滑移，同时伴随着共格 α_2 粒子的析出。检测表明，氧原子对均质性无影响，但趋向于在短排列方向形成区域，同时也证明，氧和铝原子协同推动了平面滑移。

应该提及的是，对于商用钛合金而言，尽管时效调节微结构的作用有限，但它会使斜方 α'' 马氏体呈螺旋式分离，从而导致屈服应力急剧增加。这种形变结构可以看作是一系列非常小的密集沉淀，在此状况下进行时效处理，由于其尺寸和不匹配位错增加，无序而溶质富集区对位错移动的阻碍变得更强。由于存在大量的形变微结构区域，宏观上，材料表现得很脆，究其原因，是在滑移带中，形变区域被破坏，微结构发生强烈扭曲，导致最大的 α 马氏体片状体中的第一滑移带也发生强烈扭曲，引起片状体边界的形核破坏。断口机理是微孔的聚合与长大，而不是分离。

2.8.2　β 相硬化

传统意义上分析 β 相的固溶硬化是很困难的，因为亚稳态的 β 合金在快冷过程中，亚稳态的前驱体 ω 和 β' 不能有效地从溶质中析出，并且，在完全时效后的微结构中，由于 α 相从溶质中有效析出，很难说清楚强化机理，此时，伴随着 α 相的析出，β 相固溶硬化的重要性要看合金元素的分配。在二元合金中，评价 β 相稳定元素钼、钒、铌、铬和铁固溶硬化作用的一种方式就是检测晶格常数与溶质中错位晶格常数曲线的倾斜度，这些数据可在泊松（Pearson）手册中找到。从这些数据可以看出，倾斜度最大的是 Ti-Fe，而铬和钒，铌和钼对晶格常数的影响较小。

β 相的沉淀硬化对增加商业 β 钛合金的屈服应力是最有效的。如图 2.20 所示的简易相图中可以明显地看出，β 钛合金中有两个亚稳态相，ω 和 β'。在这两种情况下，混溶区都分为两个体心立方相，即 $\beta_{贫}$ 和 $\beta_{富}$，其主要的区别在于相对基体的体心立方晶格

（β_富），在同质无序沉淀中被扭曲的体心立方晶格的数量（β_贫）。在高稳定元素质量分数合金中，被扭曲的体心立方晶格的数量值很小，亚稳态粒子被称为 β′，它为体心立方晶体结构；在低稳定元素质量分数合金中，沉淀过程中被扭曲的体心立方晶格的数量值更高，亚稳态粒子被称为等温 ω，从结晶学观点看，为密排六方晶格结构。

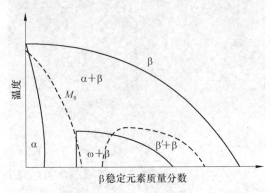

图 2.20　β 同晶型相图（简图）中的亚稳态 ω+β 和 β′+β 相区域

等温 ω 粒子呈椭圆形还是立方形，取决于沉淀/基体错位。低位错时，ω 粒子呈椭圆形，且长轴平行于四个 <111> 体心立方晶格的一个方向。作为一个实例，如图 2.21 所示，它是 Ti-16Mo 合金在 450℃ 下时效处理 6h 后得到的暗场透射电子显微镜照片，从照片中可以看出 4 种不同椭圆形 ω 粒子中一种的分布情况。较高位错时，ω 粒子呈表面平滑的立方形，且平行于体心立方晶格的 {100} 面方向，实例如图 2.22 所示，它是 Ti-8Fe 合金在 400℃ 下时效处理 4h 后得到的暗场透射电子显微镜照片。

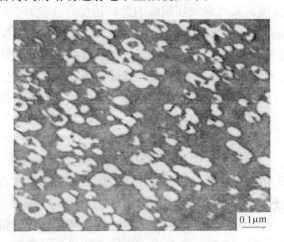

图 2.21　椭圆形 ω 析出的暗场显微镜照片

（Ti-16Mo，450℃，时效 48h，TEM）

β′ 的析出形态是变化的，它从在 Ti-Nb 和 Ti-V-Zr 合金中的球形或立方形转变为在 Ti-Cr 合金中的片状形，同样的，这取决于位错和共格扭曲的数量。作为一个实例，如图 2.23 所示，它是 Ti-15Zr-20V 合金在 450℃ 下时效处理 48h 后溶质中贫 β′ 析出的透射电子照片。

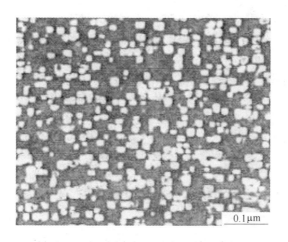

图 2.22 立方形 ω 析出的暗场显微镜照片
(Ti-8Fe，400℃，时效 4h，TEM)

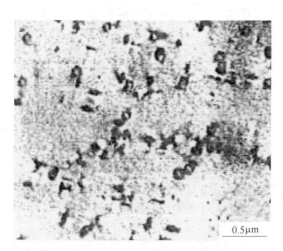

图 2.23 在 Ti-15Zr-20V 中的共格 β 粒子
(450℃，时效 6h，TEM)

ω 和 β′ 两相是共格的，受位错移动剪切，形成强烈的局部滑移带，致使早期的形核破裂并降低延展性，因此，在商用 β 钛合金中，通常应避免形成这些微结构，为此，在稍高的温度下对商用 β 钛合金进行时效处理，以便在较合理的时效时间内，利用 ω 或 β′ 作为前驱体和形核体来析出非共格的稳定 α 相粒子。有时，需要采用一步时效处理。借助这些前驱体，有可能得到均匀分布的同质细晶粒 α 片晶，作为一个实例，如图 2.24 所示，它是 Ti-15.6Mo-6.6Al 在 350℃，时效时间长达 100h 的初期 α 形核的透射电子显微镜照片。在商用 β 钛合金中，根据 α 片晶的分布和尺寸，法国的 CEZUS 开发出 β-CEZ 合金，在580℃时，推荐的实效处理时间是 8h，其透射电子显微照片如图 2.25 所示。这些 α 片晶也遵循伯格斯关系，片晶的平滑表面平行于 β 基体 {112} 面。正如前述和从图 2.25 所示中看出，从统计学角度看，并非所有 12 个可能的变量都能形核，因此，为了使所有的弹性应力最小，实际上，在 β 晶粒中，只有两到三个接近垂直的变量相互作用。

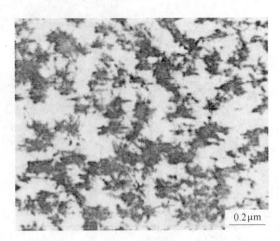

图 2.24　在 Ti-15.6Mo-6.6Al 的 β′粒子中析出的细晶粒 α 片晶
（350℃，时效 100h，TEM）

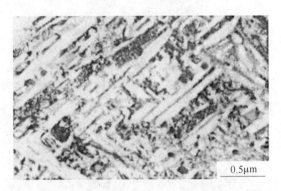

图 2.25　商用 β 钛合金 β-CEZ 中 α 片晶的尺寸和分布
（580℃，时效 8h，TEM）

　　由于这些非共格的 α 片晶太细小，不会发生塑性变形，它们仅能看作硬的、潜在的可成形粒子，因此，具有此类微结构的 β 钛合金可获得很高的屈服应力，但这类合金的屈服应力也能很容易地降低，例如，通过采用两步热处理，就可以将其调整到所期望的数值。第一步是在 α+β 相区域高温下进行退火，以便析出所希望体积分数的大晶粒 α 片状体；第二步是在较低温度下进行时效处理，以减少细晶粒 α 片晶的体积分数。大晶粒 α 片状体比细晶粒 α 片晶对屈服应力的影响小，因为大晶粒能降低塑性。目前，根据强化机理，大晶粒 α 片状体仅适于边界强化，但对所有具有 α 相析出的微结构而言，在 α 相析出过程中，β 基体的位错密度增加了，因此，位错强化对屈服应力也有作用。β 合金 Ti-10-2-3β 晶界上的连续 α 相层如图 2.26 所示。

　　α 相总是优先在 β 晶界上形核，并形成连续的 α 相层，尤其是 β 钛合金，细晶粒 α 片晶的强化提高了屈服应力的量级，这些连续的 α 相层对力学性能有害，作为此类微结构的一个例子，如图 2.27 所示的 β 钛合金 Ti-10-2-3。β 钛合金热变形工艺的主要目的就是要消除或降低连续的 α 相层对力学性能的不良影响。

　　在含有大量 β 相稳定元素的 β 钛合金中，有时，通过常规的时效处理，要使 α 片晶

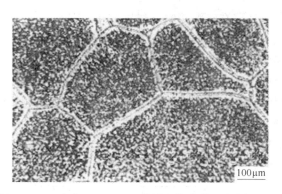

图 2.26 β 合金 Ti-10-2-3β 晶界上的连续 α 相层（LM）

均质分布是困难的，特别是时效温度在亚稳态两相区域以上时，究其原因，是因为在热处理温度与时效温度一致时，前驱体（ω 或 β'）的形成或 α 的形核非常缓慢，以至于不能完成，在这种情况下，采用在低温下的预时效处理，有可能使更多的 α 片晶均质分布，如图 2.27 所示 β 钛合金—β 中的 α 片晶分布效果。另外一种可能的方法就是在时效前先冷却，通过位错上的形核使更多的 α 片晶均质分布。

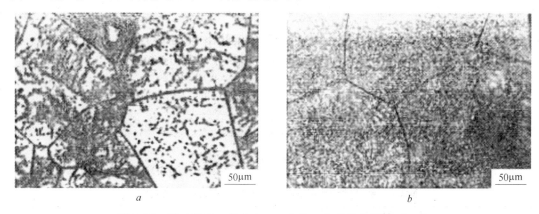

图 2.27 预时效后 β 钛合金—β 中的 α 片晶分布效果（LM）
a—540℃时效 16h；b—440℃时效 4h+560℃时效 16h

2.9 一些基本的物理化学性能

在大部分应用中，钛的物理和化学性能的重要性相对于其力学性能而言要小得多。除其低密度以及形成表面氧化层，从而具有很好的耐蚀性能外，钛的大部分性能将总体概括介绍。本节将详细介绍包括扩散性、腐蚀行为和氧化性的部分基本性能。

钛及钛合金的一些基本性能，已分别列于表 2.1～表 2.3，其他的一些物理性能见表 2.8，并与其他的金属结构材料进行对比。表 2.8 中高纯 α-Ti 的数值，与各种等级的商业纯钛（CP 钛）的性质没有明显的区别，这表明即便其含氧量高到 0.40%，对其性能也只有轻微的影响。另外，如果将 α+β 钛合金 Ti-6Al-4V 和 β 钛合金 Ti-15-3 与纯 α-Ti 相比，可以看出，它们的热导率和电阻率的变化十分明显，这些商用合金的热导率较低而电阻率较高，线膨胀系数和比热容只有轻微影响。热导率和电阻率都取决于密度和导电电子的分散程度。如图 2.28 所示，在二元钛合金中，随着溶质含量的增加，电阻率增加。从图中还可以看出，有两个互为依存的分支，上面的分支，包括了在 α-Ti 中趋向于有序排列的元素；下面的分支，包括了趋向于互溶的元素（钒、铌）或完全中性的元素（锆）。应该指出的是，氧属于上面的分支，因为含氧量为 0.40% 的 4 级商业纯钛（CP 钛）的电阻率为 0.60μΩ·m（热传导率为 17W/(m·K)）。在表 2.8 中给出了钛合金的电阻率，有的 β 钛合金已表现出了具有超导行为。

钛及钛合金与其他金属结构材料的物理性能比较见表 2.8。

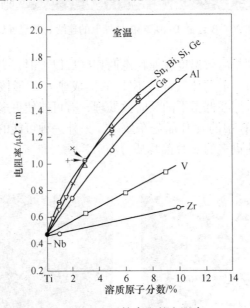

图 2.28　二元钛合金的电阻率

表 2.8　钛及钛合金与其他金属结构材料的物理性能比较

物理性能	线膨胀系数 /K^{-1}	热导率 /W·(m·K)$^{-1}$	比热容 /J·(kg·K)$^{-1}$	电阻率 /μΩ·m
α-Ti	8.4×10^{-6}	20	523	0.42
Ti-6Al-4V	9.0×10^{-6}	7	530	1.67
Ti-15-3	8.5×10^{-6}	8	500	1.4
Fe	11.8×10^{-6}	80	450	0.09
Ni	13.4×10^{-6}	90	440	0.07
Al	23.1×10^{-6}	237	900	0.03

将钛与其他的金属结构材料相比，可以看出，钛的线膨胀系数要低，因此，对于强度与密度比要求高、热膨胀低的应用领域，钛是一种很不错的选择。例如，航空发动机的外壳和汽车发动机的连杆等。遗憾的是，由于钛的价格高，钛连杆仅用于高性能、高价格的车辆上。需要指出的是，α-Ti 的线膨胀系数在 c 轴的平行方向比垂直方向要高 20%，这对高织构的 Ti-6Al-4V 材料用于连杆材料显得很重要。

钛的热导率比铁、镍和铝（见表 2.8）要低得多，这使其对加工工艺的冷却速度、热处理温度及热处理时间等有影响。表 2.8 中，钛与其他金属相比，有高的电阻率，这限制了它作为导电体的应用。从表 2.8 中还可看出，钛与其他金属相比，其比热容为同一数量级。

与其他金属结构材料相比，钛的比刚度（强度与密度之比）的优势已归纳在表 2.3 中，如对 α+β 钛合金，屈服强度为 1000MPa，密度为 4.5g/cm³，这一优势对于屈服强度值达 1200MPa 的高强度 β 合金并没有太明显的增加，因为大多数的 β 合金都含有像钼一样的重金属元素，使得合金密度增加了约 5%，如 β 合金 β21S，其密度值高达 4.94g/cm³。

2.9.1 扩散性

间隙合金元素和代位合金元素在钛 α 相和 β 相中的扩散速率以及自扩散速率方面的知识很重要。许多生产工艺，如固溶和时效热处理，热加工和再结晶温度等都与扩散有关。在许多应用方面的性能，例如，蠕变、氧化行为和氢脆等，也都与扩散有关。

很多扩散数据都是在钛商业化的最初 20 年测定的，这些数据很好地被记载于 1974 年由周卫柯（Zwicker）用德文撰写的钛书籍中。1987 年，刘（Liu）和韦尔斯（Welsch），针对广泛使用的 Ti-6Al-4V 合金，对 α-Ti 和 β-Ti 中氧、铝和钒的扩散系数进行了文献综述，指出扩散数据分散的真正原因是由于所采用的测试方法所致。在出版的综述文章中，针对 α 相，介绍了新的扩散数据以及对扩散的新理解。

部分以阿累尼乌斯（Arrhenius）关系形式给出的扩散系数见图 2.29。从图中可以看出，β 相中钛的自扩散大约比在 α 相中的自扩散快 3 个数量级（见图 2.29 中的 β-Ti 和 α-Ti 线）。代位元素在 β 相中的扩散速度比钛的自扩散速度有可能慢也有可能快。铝和钼是慢扩散元素组中的实例，如图 2.29 所示。其他属于这一组的重要合金元素，钒和锡与铝相似，而铌位于铝和钼之间。在快扩散元素组中，铁作为实例表示在图 2.29 中，镍的扩散速度甚至要稍快，而铬和锰的扩散速度介于铁和 β-Ti 自扩散之间。根据 β 钛中测定的氧的不同扩散速度，参考文献中给出了上部曲线，如图 2.29 所示，下部曲线的倾斜度（活化能）似乎过大。

从 α-Ti 的扩散数据看，测得氧的扩散数据几乎一致，如图 2.29 所示，已很好地建立起了氧线变化。铝在 α-Ti 中的扩散数据有限，只有分散的部分数据，大部分数据的位置与氧线靠近（见图 2.29）。代位元素的扩散速度通常较高，已建立起铁、镍和钴等扩散元素的线性关系，它们在 α-Ti 中的扩散速度极高（见图 2.29 中的铁线），这可用这些元素的间隙扩散机理来解释。如果测试材料中的铁杂质含量正常，那么这种快速间隙扩散机制也能增加自扩散的空位扩散速度和铝在 α 钛中的扩散。测试含铁、镍和钴杂质的超高纯 α-Ti 时，发现自扩散的扩散速度很低，而铝在 α-Ti（见图 2.29）中的扩散特点表现为扩散受空位扩散控制。除铝外，锆、铪、金、铟和镓也是常规的扩散元素（适用于空位机理），其扩散变化与图 2.29 中的铝线接近。尽管铬和锰的扩散比铁、镍和钴低两个数量级，但它们或许与铁、镍、钴一样，属快速扩散元素（适用于间隙机理），如它们依据空位机理，则扩散得更快。

应该再次强调的是，代位元素在 α-Ti 中的扩散数据，很显然与材料中铁杂质的含量密切相关。对于商用钛合金，这种作用对于铝在 α 相中的扩散尤为重要。

间隙元素氢在 β 相以及 α 相中都表现出很高的扩散速率（见图 2.29），因为氢脆的作

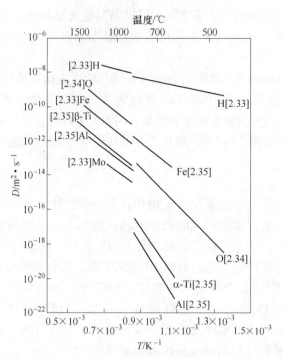

图 2.29　钛的自扩散阿累尼乌斯（Arrhenius）图和各种合金元素在 β 钛和 α 钛中的情况

用，氢会对应用于水中或潮湿气体环境，特别是对于高静载荷（应力腐蚀裂纹）或疲劳载荷（疲劳腐蚀）情况下的钛合金造成严重影响。

2.9.2　腐蚀行为

在金属的电位序中，钛的标准电位为 -1.63V，与铝相近，因而，钛本质上不能被看作是一种贵金属，但在大多数环境下，钛有优异的耐蚀性能则是众所周知的，这是因为在其表面会形成一层由 TiO$_2$ 组成的稳定保护膜。只要保护膜保持完整，通常，在大多数的氧化环境中，例如盐溶液，包括氯化物、次氯酸、硫酸盐和亚硫酸盐或硝酸和铬酸溶液中，钛表面都处于钝化状态。另一方面，钛在还原环境中并不耐腐蚀，此时自然形成的氧化膜会被破坏，因此，钛在还原环境中，如硫酸、盐酸、磷酸中的耐腐蚀性并不好，例如，钛在氢氟酸中的溶解速度很快，这主要是因为这种酸会破坏氧化层，使金属钛暴露而发生反应，这也就是为什么在钛生产过程中，采用 HF-HNO$_3$ 的混合物，通过化学反应来酸洗钛的原因。商业上，钛在许多还原气氛下使用时，可以通过添加抑制剂（氧化剂）来改善钛氧化膜的稳定性和完整性。

在室温下的流动海水中，钝化后的钛非常耐腐蚀，其电位与哈氏合金（Hastelly）、因康（Inconel）合金、蒙乃尔（Monel）合金和钝化奥氏体不锈钢相接近。此外，钛通常不含有氧化物、碳化物和硫化物，因此，钛比上述提到的这些材料都具有更好的抗腐蚀性。

α+β 钛合金和 β 钛合金也具有非合金钛的优异耐腐蚀性能。从经济角度出发（成本、成型性、可焊性），在不要求较高强度的情况下，各个等级的商业纯钛（CP 钛）是首选。

在还原性酸中，2级商业纯钛（CP 钛）的耐蚀性可通过添加少量的贵金属进行改善，例如，添加 0.2%钯，变为 7级商业纯钛，或少量添加 0.3%钼+0.8%镍，变为 12级商业纯钛（见表1.4）。从表 2.9 中可以看出，2级商业纯钛（CP 钛）与 7级和 12级合金相比，在有限的酸浓度下，腐蚀率大约为 125μm/a。还原酸中腐蚀速度为 125μm/a 时 2级商业纯钛（CP 钛）与 7级和 12级合金的酸浓度极限值见表 2.9，表 2.9 中摘录的数据来自柯维顿（Covington）和斯楚兹（Schutz）发表在《TIMET》上的文章，更详细的数据可从金属手册《Metals Handbook》中查找。表 2.9 的数据还表明，在三种酸的最高极限浓度下，其耐腐性排名分别为含 0.2%钯的 7级，之后为 12级，最后为商业纯钛（CP 钛）2级。加入 0.2%钯可以使酸的腐蚀电位升高（正极），使表面保护氧化层更稳定，在稀浓度还原酸中完全钝化。

表 2.9　还原酸中腐蚀速度为 125μm/a 时 2级商业纯钛（CP 钛）与
7级和 12级合金的酸浓度极限值　　　　　（质量分数/%）

酸	温度/℃	2级	7级	12级
HCl	24	6	25	9
	沸腾	0.6	4.6	1.3
H_2SO_4	24	5	48	10
	沸腾	0.5	7	1.5
H_3PO_4	24	30	80	40
	沸腾	0.7	3.5	2

斯楚兹对还原酸环境中的高强度 α+β 和 β 钛合金的常规耐蚀性能进行了研究，其结果表明，含有大于 3%钼和 8%锆的合金有极优异的耐蚀性能，钒的重要性很小，当铝含量超过 3%时会变得有害。α+β 合金 Ti-6Al-4V 和各种 β 合金在沸腾的 HCl 中，腐蚀率为 125μm/a 时，发生由激活向钝化转变的酸浓度。在沸腾的 HCl 中 Ti-6Al-4V 和各种 β 合金腐蚀速率为 125μm/a 时发生由激活向钝化转变的酸浓度，见表 2.10。从表 2.10 中也可看出，含有 15%钼的 β 合金 β21S 在还原酸环境下表现出最优异的耐腐蚀性，但如果在高强度的时效条件下使用，它的一些优势也就丧失了。

表 2.10　在沸腾的 HCl 中 Ti-6Al-4V 和各种 β 合金腐蚀速率为 125μm/a 时
发生由激活向钝化转变的酸浓度

合　金	退火条件（HCl）/%	时效条件（HCl）/%
Ti-10-2-3		0.08
B120VCA	0.10	
Ti-15-3	0.12	0.08
Ti-6-4	0.12	0.13
βC	1.1	0.87
β21S	5.0	1.5

如上所述，在不掺杂的条件下，钛因有表面保护氧化膜，通常其耐点状腐蚀的能力很强。耐点蚀的情况可以通过电化学的阳极击穿电位或再钝化电位测定。用再钝化电位（也称临界点电位 $E_{点蚀}$）比较商业纯钛（CP 钛）和各种钛合金在沸腾的 5%NaCl 溶液中的情况见表 2.11。从表中可以看出，商业纯钛（CP 钛）有最高的电位值（6.2V），因此，通过比较，认为它的耐点蚀能力最强。尽管表 2.11 中所列合金的电位值较低，但钛合金仍然被认为能抗点蚀，因为其再钝化电位值高于 1V。表 2.11 中的数值也表明，一些 β 钛合金（包括 βC 和 β21S）要比 α+β 钛合金 Ti-6Al-4V 具有更好的抗点蚀性能。

表 2.11　商业纯钛（CP 钛）、Ti-6Al-4V 和各种 β 合金退火条件下
在沸腾的 5%NaCl 溶液中的再钝化电位（也称临界点电位 E_{pit}）

钛及合金	2 级 CP-Ti	Ti-6-4	Ti-15-3	B120VCA	β21S	βC
再钝化电位/V	6.2	1.8	2.0	2.7	2.8	3.0

当温度超过 75℃时，钛在氯化物、氟化物或含硫酸的溶液中经常发生腐蚀，这种腐蚀称为裂隙腐蚀。在裂隙腐蚀中，还原酸性条件下，由于氧的溶解量很小和受溶液体积的限制，耗氧量随着 pH 值（pH 值不大于 1）降低而增加。图 2.30 所示为在 NaCl 富盐溶液中，不同等级的钛在不同 pH 值和温度下的裂隙腐蚀情况。从图 2.30 中可以看出，通过增加 0.3 钼+ 0.8 镍（12 级）或者增加钯（7 级），2 级商业纯钛（CP 钛）的抗裂隙腐蚀性能能够得到改善。Ti-6Al-4V 的抗裂隙腐蚀性能类似于 2 级商业纯钛（CP 钛），而 β 钛合金中的 βC 和 β21S 在大部分腐蚀环境下表现出了更好的抗裂隙腐蚀性能。

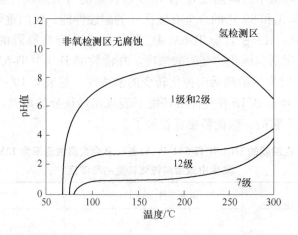

图 2.30　温度和一定 pH 值下在 NaCl 富盐溶液中不同等级钛的裂隙腐蚀

腐蚀环境和施加的应力可能会引起一些重要力学性能的降低。如果形核破裂延伸到试件表面，那么，拉伸力肯定会减少，延伸到表面的裂纹会传递到一定的载荷条件下（应力腐蚀裂纹），疲劳载荷时，相对于中性环境，表面裂纹能扩散和在低应力下广泛传递（腐蚀疲劳）。

氢是扩散最快的元素，也是对应力作用环境最有害的物质（氢脆）。通常，氢有两种

可能的来源，即材料的内部含氢和从环境的外部吸氢。钛内部含氢的影响可通过严格限制含氢量而得到很好的控制，如商业纯钛（CP 钛）和钛合金中，最大含氢量可控制在 $(125 \sim 150) \times 10^{-6}$，然而，目前牵涉到与氢相关的问题仍会发生在材料的尖锐断口处。

如果表面的滑移梯度高于氧化膜保护层的厚度，那么，外部环境下的氢可通过位错移动迅速进入材料内部，此时，滑移带内的氢浓度能达到很高的水平，致使滑移带内的应力断口被还原，导致早期形核破裂和裂纹扩展。对于密排六方 α 相，这种由氢诱导的裂纹在基面上发生是很明显的，而对于 α+β 钛合金，由于其对晶体织构的明显影响，致使相关的力学性能呈数量级显著降低。裂纹为何完全沿基体面发生的原因尚不清楚，相对于 α 钛和 α+β 钛合金而言，β 钛合金对氢脆则不那么敏感，尤其是在退火条件下，这可能得益于时效条件下 α 相体积分数的减少。与 α 钛合金相比，β 钛合金的高耐氢性，还得益于 β 基体的体心立方晶体结构和氢在 β 相的较高固溶度。

2.9.3　氧化性

钛暴露于空气中形成氧化物 TiO_2，它是四方晶系的金红石晶体结构。氧化层经常被称为"膜"，它是一种多类型的阴离子缺陷氧化物，通过氧化层，氧离子能够扩散。反应前沿位于金属/氧化物界面，"膜"不断长大，进入钛基体材料。钛快速氧化的驱动力是钛对氧有很高的化学亲和力，此亲和力比钛对氮的化学亲和力高。在氧化反应过程中，钛对氧的高亲和力和氧在钛中的高固溶度（大约 14.5%），促使了"膜"和临近基体富氧层的同时形成。由于富氧层是连续稳定 α 相的氧化层，故它被称为 α-块。正如在 2.8.1 节中提到的，增加的氧含量强化了 α 相，改变了 α-Ti 的形变行为，使其从波纹状滑移到平面滑移模式转变，因此，硬的、较小延展性的 α-块在拉伸载荷下易形成表面裂纹。在疲劳荷载条件下，表面局部的低延展性和大的滑移相互作用，引起整体延展性的降低或早期形核裂纹，因此，传统钛合金的高温应用范围被限制到低于 550℃。在 550℃ 以下，通过"膜"（氧化层）的扩散速度是很慢的，这足以阻止过量的氧溶解在大块材料中，避免了毫无意义的 α-块的形成。

为了减少氧通过"膜"的扩散速度，经研究不同的合金添加元素，结果发现，添加铝、硅、铬（大于 10%）、铌、钽、钨和钼等能改善其特性。这些元素或者形成热力学稳定氧化物（铝、硅、铬）或具有化合价大于 4 的化合物，如 Nb^{5+}。通过置换 TiO_2 结构中的 Ti^{4+}，铌减少了阴离子所占空位的数量，因此也就降低了氧的扩散速度。基于这种情况，发明出了一种成分为 Ti-15Mo-2.7Nb-3Al-0.2Si（见表 1.4）的 β 钛合金薄板（β21S）。这种 β 合金有很高的抗氧化性，但与 α+β 高温合金 Ti-6242 和 IMI 834 相比，它的高温强度和抗蠕变性都较低，但可在较低扩散速度下，通过增加铝的含量改善其性能，因为铝能形成一个致密的、热力学上稳定的 $\alpha\text{-}Al_2O_3$ 氧化物，结果在 TiO_2 表面氧化层下方，"膜"由 TiO_2、Al_2O_3 等多种不同的混合物组成，其简图如图 2.31 所示。

在"膜"中增加 Al_2O_3 的体积分数，能够提高 Ti-Al 化合物（例如 Ti_3Al 或 γ-TiAl 基合金）的抗氧化性。Al_2O_3 的数量随铝浓度的增加而增加，大约在铝摩尔分数 40% 时，Al_2O_3 层变成连续的，其结果是 γ-TiAl 表现出比 Ti_3Al 基合金具有更好的抗氧化性，这是因为，高温下 TiO_2 在钛合金中并不稳定；Al_2O_3 层在 Ti_3Al 表面并不连续，而 Al_2O_3 层在 γ-TiAl 中表面是连续的，并且在更高温度下是稳定的。这种抗氧化性的改善可用于开发传统

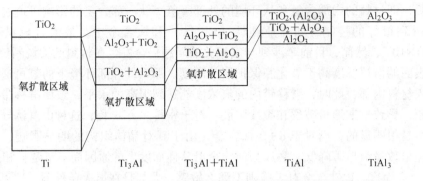

图 2.31　钛和钛-铝化合物中通过氧化层和氧扩散区域层的截面简图

的表面涂层钛合金，如 IMI 834，它在 550℃ 以上仍可应用。已研究了许多不同的涂层，如 Pt、NiCr、Si、Si$_3$N$_4$、Al、MCrAlY、硅酸盐、SiO$_2$、Nb，但最理想的还是 Ti-Al 涂层。图 2.32 所示为高温合金 Ti-1100 的情况。尽管 TIMET 公司不再生产这种合金，但结论仍是有价值的，因为 Ti-1100 在 700℃ 时，表现出了与 IMI 834 类似的氧化行为。从图 2.32 可以看出，Ti-Al 涂层比 Si、Pt 涂层表现出了更好的抗氧化性，甚至 Ti-Al 涂层材料在 750℃ 时表现出了比未涂层材料 600℃ 时更好的抗氧化性。

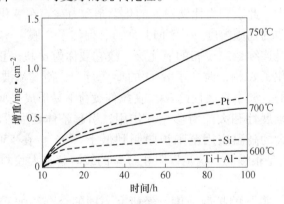

图 2.32　相对于 750℃ 的涂层 Ti-1100 材料在不同温度下的氧化行为

抗氧化性一个特殊例子就是抗着火性和抗燃烧性。在正常的大气空气环境下，所有钛合金都能抗着火和抗燃烧，但在特殊条件下，例如，飞机发动机的汽轮压缩机（高压、高速气体的情况下），许多钛合金都可着火和燃烧，特殊性质将在后续详细讨论。

3 中国钛工业发展状况

3.1 海 绵 钛

中国于 1954 年开始研究制取海绵钛的工艺，1956 年制定了钛工业的发展规划，国家投巨资建设了遵义钛厂（海绵钛）、宝鸡有色金属加工厂和西北有色金属研究院，初步形成了科研和生产相结合的专业化的钛生产体系。

20 世纪 70 年代以前，中国钛的生产和科研主要是为军工服务，所生产的钛材用于航空、航天、舰船、兵器和原子能等部门。1972 年后，中国钛材逐渐向民用推广，其"军工为主"的方针也调整为"军民结合"，同时开发军用和民用两个市场。

1982 年，成立了"钛全面推广领导小组"及"全国钛办"，领导和协调钛的科研、生产和应用。1983 年，在真空制盐、氯碱、纯碱、湿法冶金、制药、电力、日用品及饮料等十几个行业推广钛应用项目 56 个。

中国海绵钛行业的发展经历了创业期、成长期和爆发期三个阶段。创业期是从 20 世纪 50 年代末到 1999 年，经过 40 多年的发展，中国海绵钛年产量不足 2kt，发展速度十分缓慢。但从 2000~2010 年的成长期，中国海绵钛行业高速发展，产能快速扩张，仅 2007 年海绵钛产量比 1999 年增长了 24 倍多。同时，近些年来，一些大型国有企业投资建设大型海绵钛厂，产能和产量快速增长，中国海绵钛行业进入了爆发期，到 2013 年中国海绵钛年产能已接近 150kt，成为世界上主要的海绵钛生产国，但产能利用率只有 60% 左右。

中国海绵钛产量目前已居世界前列，但与国际先进水平比较，生产规模、生产技术和产品质量还有相当差距，生产文明程度差距更大，手工操作太多，跑冒滴漏频繁发生，厂区空气污染严重，要真正达到国际先进水平任务还十分艰巨。

2012 年底，中国海绵钛的产能已从 10 年前的 3.8kt 增长到 148kt，增长了近 40 倍。这主要是因为自 2004 年底以来，中国化工和国际航空钛市场的复苏所带来的中国海绵钛项目的资本大量投入所造成的。

到 2012 年中国的海绵钛企业已分成三个梯队，第一梯队是以遵义钛业为龙头的产能超过 10kt 的七家企业，这七家企业基本已完成全流程的生产布局，原料以及产品的质量基本稳定，产品综合成本低，有较固定的战略合作伙伴和客户群，有稳定的年收益率，是中国钛工业的中流砥柱，发展前景较大。第二梯队是以抚顺钛业为龙头的 2012 年产量在 2kt 以上的五家企业，这五家企业以投资少、有较稳定的中低端客户为特点，在市场波动中较为灵活地把握市场趋势，具有一定的盈利能力。第三梯队是产量小于 2kt 的四家企业，这四家企业在市场波动中处于劣势，生产时断时续，企业处于半停产的亏损状态。

　　中国海绵钛行业的产能在 10 年之间从不到 5kt，已发展到 2012 年的近 15 万吨，且随着云南新立、甘肃金川和攀钢钛业三家国企的介入，以及国内第一梯队海绵钛生产企业产能的扩张，海绵钛产能预计今后将持续快速增长。

　　中国海绵钛生产的主要特征是：

　　（1）原料 90% 依赖于进口钛矿或金红石。

　　（2）国内零级品率与国外相比还有较大差距（国内占 30%，国外占 70%），不能完成满足国内高端领域的原料需求。

　　（3）与国外相比，产品质量的稳定性较差。

　　（4）目前国内生产企业的能耗较高，与国外还有较大的差距（吨海绵钛电耗：国内 26000kW·h/t，国外 17000kW·h/t）。

　　（5）在还蒸、精制、镁电解等海绵钛生产工艺上与国外还有较大的差距。

　　经过 60 余年的发展，尤其是 2002~2012 年，中国海绵钛行业不论从产能和产量均跃居世界前列，成为名符其实的产钛大国。在需求拉动下，海绵钛生产企业也不断扩张，形成了目前几十家生产企业，在产品质量和稳定性上已能完全满足国内主要行业的钛产品需求，但与世界海绵钛生产大国美国、日本等相比，无论在生产工艺、装备和产品稳定性、成品率等方面还有很大的差距，仍需继续努力。

3.2　钛　锭

　　中国钛锭行业的发展与海绵钛同步，经过 60 余年的发展，钛锭的产能和产量增长巨大，从原来的沈阳铜加工厂、上钢三厂、有色院和宝鸡有色金属加工厂等几家国企生产不到 1kt 的钛及钛合金锭，发展到现在的上百家生产企业，产能已超过 100kt，产量也达到了创记录水平。设备由原来的生产 1t 以上钛锭必须采用进口设备，发展到 8t 国产化钛锭熔炼设备。钛锭的质量也逐渐达到国外产品水平，但在高端的航空航天、船舶等领域使用的高品质钛合金锭的生产，中国还主要依赖于进口的大型真空自耗电弧炉，等离子冷床炉（PAM）。我国在生产工艺、产品质量和数量上还有很大的差距。

　　2006 年底，中国大约形成了 40.6kt 钛锭的生产能力。

　　随着中国海绵钛生产企业的快速增加，进出口贸易越加活跃。近几年的钛锭出口主要集中在中国台湾高尔夫球生产用钛合金一次锭，日本生产钛带用大型纯钛锭上，国内每年的出口量平均在 3kt 左右。由于海关没有相关的税则列号，因此进出口详细数据不详。且大多数企业均以钛棒材的形式出口钛锭，以获得国家的 13% 钛材出口退税。

　　中国钛锭的需求从产品类型来说，主要以纯钛锭为主，用于生产化工、冶金和真空制盐等用纯钛板和管材，占 70% 以上；其次是钛合金锭，用于军工、医疗等领域生产钛合金棒材。

　　随着国家在军工、船舶、大飞机等项目的开发，以及医疗和体育休闲钛合金板棒产品的稳定需求增长，国内对高品质、大吨位钛合金锭的需求不断增加，而中低端的化工、冶金等领域用纯钛锭的需求，随着国内化工投资周期的结束，近几年处于逐年递减的势头。因此，在今后几年，钛锭的产能将维持在目前的水平，而用于生产中低端钛锭的熔炼设备将逐步淘汰。

3.3 钛 合 金

随着中国钛工业的发展，作为钛工业发展技术支撑的钛合金研究取得了良好结果。中国已研制出 70 多种钛合金，其中 50 多种钛合金列入中国国家标准，基本形成了中国的钛合金体系。

多年来，中国新型钛合金的研究与开发十分活跃，主要集中在高温钛合金、高强钛合金、船用耐蚀钛合金、低成本钛合金、阻燃钛合金、低温钛合金和医用钛合金等方面，创新研制出许多具有中国知识产权的新型钛合金。参与钛合金研究的单位逐渐增加，形成了具有中国特色的工业钛合金牌号，基本满足了中国各行各业对不同钛合金的需求。

3.3.1 高温钛合金

近年来，高温钛合金研发主要集中在 550~600℃ 高温钛合金和 650℃ 用的钛合金及颗粒增强钛基复合材料等。550℃ 高温钛合金的主要研究对象是 Ti55、Ti53311S、Ti633G；600℃ 高温钛合金研究对象主要是 Ti60 和 Ti600。国内高温钛合金的总体性能不低于国外标准见表 3.1。国外一公司已正式订购 Ti600 合金材料，650℃ 用的颗粒增强钛基复合材料主要是 TP650。

表 3.1　600℃高温钛合金的典型性能

合金	室温拉伸性能				600℃拉伸性能				残余变形量[①] /%	相应的微观组织
	抗拉强度 /MPa	屈服强度 /MPa	伸长率 /%	断面收缩率 /%	抗拉强度 /MPa	屈服强度 /MPa	伸长率 /%	断面收缩率 /%		
Ti600	1068	1050	11	13	745	615	16	31	0.03	等轴 $\alpha+\beta_{trate}$
Ti60	1100	1030	11	18	700	580	14	27	0.1	等轴 $\alpha+\beta_{trate}$
IM1834	1070	960	14	20	680	550	15	50	0.1	等轴 $\alpha+\beta_{trate}$
Ti1100	960	860	11	18	630	530	14	30	0.1	片状组织

①蠕变条件：600℃，150MPa，100h。

Ti55 合金（名义成分为 Ti-5.5Al-4Sn-2Zr-1Mo-0.25Si-1Nd），是一种用稀土元素钛强化的综合性能良好的近 α 型热强钛合金。该合金长时间工作温度可达 550℃，用于制造航空发动机高压段的压气机盘、鼓筒和叶片等零件。Ti53311S 合金（名义成分为 Ti-5Al-3Sn-3Zr-1Nd-1Mo-0.25Si）是多元合金化的近 α 型钛合金，其主要性能特点是中等的使用强度和很好的工艺塑性，该合金还具有较好的与异种金属焊接的性能，能在高温下长时间工作。Ti53311S 钛合金适合于制造耐热零部件，已在航天工业中获得了重要应用。

Ti60 合金（名义成分为 Ti-5.5Al-4Sn-2Zr-1Mo-0.3Si-1Nd-0.05C）是在 Ti55 基础上改进研制的，是一种用稀土元素钕强化的综合性能良好的近 α 型热强钛合金，该合金长时间工作温度可达 600℃，用于制造航空发动机高压段的压气机盘、鼓筒和叶片等零件。

Ti600 合金是 Ti-Al-Mo-Sn-Zr-Si-Y 系一种新型近 α 高温钛合金，该合金具有较好的综合性能，尤其是蠕变性能非常优异，可在 600~650℃ 下长期使用。

用于 650℃ 的 TP650 是一种 TiC 颗粒增强的钛基复合材料，具有良好的热强性与室温延性匹配，其室温强度达到 1300MPa 以上，室温伸长率达 5% 以上；650℃的拉伸强度达到 650MPa 以上；600℃的蠕变强度为 210MPa；650℃下的蠕变强度约 100MPa（$e_{残}$ < 0.1%）；650℃下的持久强度达到 220MPa；TP-650 的高周疲劳性能同 Ti-64、Ti-811 合金的相当；TP-650 同 Ti64 合金的低周疲劳极限相当。

总体上讲，中国 600℃及其以上高温钛合金还处于研究阶段，在国内航空发动机上还没有得到应用。

3.3.2　高强钛合金

中国近年来研制的主要高强钛合金见表 3.2。

表 3.2　中国研制的主要高强钛合金

合金	σ_b/MPa	σ_s/MPa	δ_s/%	K_{IC}/MPa·m$^{1/2}$	da/dN
TB8	1250	1105	8	50	
TC21	1100	1000	10	70	
Ti-B19	1250	1100	8	70	与 β 退火态 TC4 相当
Ti-B20	1300		12	冲击 50J/cm^2	
Ti-B18	1250		12	冲击 45J/cm^2	

TB8 是超高强钛合金，TC21 是高强高韧损伤容限型钛合金，Ti-B20 为高强高冲击韧性钛合金，Ti-B19 为高强高韧耐蚀钛合金。另外，TB6 和 TB10 高强钛合金的研究相对较完善，同时中国目前也正在研制 1350MPa 以上的超高强钛合金。TB6、TB8、TB10 和 TC21 已得到实际应用考核。

TB6 高强钛合金（名义成分 Ti-3Al-10V-2Fe）的主要特点是比强度高、断裂韧性好、锻造温度低和抗应力腐蚀能力强，适合于制造高强度的钛锻件。该合金的综合力学性能可以通过热处理在广阔范围内调整，实现不同强度、塑性和韧性水平的匹配。TB6 钛合金在固溶时效状态下使用，最大淬透截面为 125mm^2。主要半成品形式是棒材和锻件，特别适合于制造等温模锻件和热模具模锻件。TB6 钛合金可以用各种方式进行焊接，长时间工作温度达到 320℃，用于代替 30CrMnSiA 结构钢，可减轻结构质量约 40%，代替 TC4 钛合金时可减轻结构质量约 20%。TB6 钛合金在飞机和直升机制造中获得了应用。

TB8 钛合金（名义成分 Ti-15Mo-3Al-2.7Nb-0.2Si）是一种介稳定的 β 型钛合金，该合金采用较多的钼元素而不是钒，大大改善了合金的抗氧化性能和抗腐蚀性能，并具有与 TB5(Ti-15-3) 钛合金相似的较好的冷轧和冷成形能力。合金经时效后可达到很高的强度，且具有较好的焊接性能、高温抗氧化性能和耐腐蚀性能，因此该合金是一种较为理想的航空结构材料，常用于飞机液压系统、燃油箱、箔材用钛基复合材料的基体以及化工和石油加工工业，但是，由于合金中含有较多的钼、铌等 β 稳定元素，TB8 钛合金必须经过三次真空自耗电极电弧炉熔炼。TB8 钛合金除了生产板材、带材外，还可生产箔材、丝材、管材、棒材和锻件。板材主要用于制造中等复杂程度的飞机冷成形钣金零件，可以代替强度水平相当于 30CrMnSiA 结构钢的零件及热成形的钛合金零件。TB8 钛合金板材及其零件可以在固溶处理状态和固溶时效状态下使用，通过不同的时效制度，实现不同强度和塑性的匹配，满足高结构效益、高可靠性的设计要求。

TB10 钛合金（名义成分 Ti-5Mo-5V-2Cr-3Al）是一种近 β 型钛合金，该合金具有比强度高、断裂韧度高、淬透性较好、热加工工艺性能和机加工性能十分优异、加工温度及变形抗力远低于大多数工业钛合金等一系列优点，满足高结构效益、高可靠性结构件的使用要求，是理想的结构材料。TB10 钛合金的主要半成品有棒材和锻件，也可以制成厚板。用于航天结构件，也可以用于制造飞机机身和机翼结构中的锻造零件，通过热处理可以实现不同强度、塑性和韧性水平的配合。TB10 合金的最高长期工作温度为 300℃。

TC2l 是一种合金化的 Ti-Al-Sn-Zr-Mo-Cr-Nb 系 α+β 型两相，具有自主知识产权的结构钛合金，其主要性能特点是高强、高韧、损伤容限、可焊。TC21 钛合金最适合于制造各类结构锻件及零部件，在航空航天工业和民用行业中可望获得广泛应用，其主要半成品是板材、棒材、锻件等。在飞机结构中，TC21 合金主要用于制造要求高强、高韧、损伤容限、可焊的重要零部件，可在 500℃ 下长期工作，已在某一机型上得到实际应用。

3.3.3 船用钛合金

中国已研制出具有自主特色的近 α 型船用耐蚀钛合金，其中 Ti75 钛合金具有中国自主知识产权，它是 630MPa 级的中强高韧性耐蚀钛合金。Ti31 钛合金是 500MPa 级的低强高韧耐蚀钛合金。我国发展的船用钛合金及其典型性能见表 3.3，二者均具有良好的综合性能，且均达到工业化规模。Ti91 和 Ti70 为中强高塑、有良好冷加工性能和可焊性的钛合金。Ti80 是一种高强、可焊的 α 型钛合金，其拉伸性能、断裂韧性、应力腐蚀抗力和低周疲劳性能均优于 Ti-6Al-4V。

表 3.3 我国发展的船用钛合金及其典型性能

合金牌号	强度级别/MPa	伸长率/%	成分（质量分数）/%
Ti31	630	18	Ti-3Al-1Zr-1Mo-1Ni
Ti75	730	13	Ti-3Al-2Mo-2Zr
Ti91	700	20	Ti-Al-Fe
Ti70	700	20	Ti-Al-Zr-Fe
Ti80	850	12	Ti-Al-V-Mo-Zr

Ti75 是低合金化的 Ti-Al-Mo-Zr 系近 α 型钛合金，其主要性能特点是比 TA5 高的使用强度和很好的工艺塑性，具有良好的焊接性能和耐腐蚀性能。Ti75 钛合金最适合于制造形状复杂的板材冲压并焊接的零部件，在舰船行业和医用行业中获得了广泛应用，其主要半成品是板材、棒材、管材、锻件、型材和丝材等。Ti75 合金在 60℃ 的天然海水中试验 23d，光亮如初，腐蚀率小于 10^{-4}mm/a；在 60℃、3.5%NaCl 溶液中 181d 试验，缝隙腐蚀率为 $1 \times 10^{-4} \sim 5 \times 10^{-4}$mm/a，B30 的电偶腐蚀率为 5×10^{-4}mm/a，电偶腐蚀效应为 12%。在相对流速为 3.07m/s 的天然海水中经 20d 实验，腐蚀率小于 10^{-3}mm/a。

Ti31 钛合金是一种新型中强耐蚀钛合金，属于低合金化的 Ti-Al-Mo-Ni-Zr 系近 α 型钛合金。Ti31 钛合金集中等强度、高的塑性、良好的易加工性和成型性、优异的耐蚀性、可焊性于一体，是新型高温耐蚀钛合金。Ti31 钛合金适宜锻造、轧制、拉伸等加工，产品形式多样化，可加工成板材、棒材、管材、锻件、型材、丝材等形式，合金还具有良好的工艺性，可进行冲压、弯曲、切削加工，另外，合金还具有优异的焊接性。目前，Ti31 合金已制成各种形状法兰、异型三通管、管座及阀门等部件，其中大部分是小锻件机加工而成。该合金只在退火状态下使用，不能采用固溶失效处理进行强化。Ti-31 合金在舰船、化工、海洋工业和民用行业中获得较广泛的应用。

Ti-B19 合金是一种新型高强高韧耐蚀型近 β 钛合金、具有较高的强度、良好的塑性、较高的断裂韧性、可焊性及耐海水腐蚀、冲刷腐蚀和应力腐蚀等综合性能。该合金具有良好的加工性，可生产各种规格的棒、板、丝、饼等，并且焊接性能、工艺性能良好。Ti-B19 合金在 600℃、3.5%NaCl 溶液中无腐蚀发生；流速为 10m/s 的情况下，冲刷腐蚀率为 2.9×10^{-4} mm/a，具有良好的抗冲刷能力。

中国于 20 世纪 90 年代开始研制声纳导流罩钛合金，目前，中国有两种声纳导流罩钛合金，即近 α 的 Ti91 和 Ti70 合金。合金分别属于 Ti-Al-Fe 系和 Ti-Al-Fe-Zr 系，两种合金均处于研究阶段。

Ti80 合金是一种新型的 Ti-6Al-2.5Nb-2.2Zr-1.2Mo 系近 α 钛合金，具有高强、高韧、可焊、耐蚀等综合性能，主要用于深潜器和舰船的耐压壳体。其配套焊丝为 Ti531 合金，成分为 Ti-5Al-3Nb-0.5Mo。Ti80 合金采用焊接+热处理焊接工艺，可使接头性能达到焊接系数 0.9，焊接性优于 Ti-6Al-4。

3.3.4　阻燃钛合金

为解决"钛火"问题，中国对阻燃钛合金进行了多年的研究，研制出成本比 Alloy C（Ti-35V-15Cr）阻燃钛合金低的具有中国特色的 Ti40 阻燃钛合金。与常规钛合金相比，Ti40 合金具有良好的力学性能和阻燃性能（见表 3.4）。Ti40 的名义成分为 Ti-25V-15Cr-0.2Si，是高合金化的 Ti-V-Cr 系全 β 型钛合金，其主要性能特点是良好的抗燃烧性能和高温性能。该合金长时间工作温度在 500℃ 左右，适合于制造飞机发动机的机匣和叶片。

表 3.4　Ti40 合金的主要力学性能

力学性能	σ_b/MPa	$\sigma_{0.2}$/MPa	δ_5/%	ψ/%
室温拉伸	900	≥830	8	12
高温拉伸（540℃）	750	≥600	12	25
热稳定（500℃/100h）			4	6
蠕变性能	（500℃，100h，250MPa）≤0.1%			

3.3.5　低成本钛合金

低成本钛合金及钛合金的低成本化制备技术近些年在中国受到高度重视，通过合金设计、添加廉价合金元素（如铁代替昂贵合金元素如钒等），中国研制出具有自主知识产权的 Ti12LC（Ti-Al-Fe-Mo）和 Ti8LC（Ti-Al-Fe-Mo）两种低成本钛合金，二者的室温拉伸性能均优于 TC4，见表 3.5，已完成合金设计、试验室研究、中试等基础技术研究，达到了工业化研究规模。两种合金制备的一些零部件正在应用中，这为合金规模扩大和推广应用奠定了良好基础。

表 3.5 中国研制的低成本钛合金及其典型性能

钛合金牌号	室温拉伸性能				400℃拉伸性能			
	σ_b/MPa	σ_s/MPa	δ_5/%	ψ/%	σ_b/MPa	σ_s/MPa	δ_5/%	ψ/%
Ti8LC	1050	990	12	30	700	600	15	50
Ti12LC	1100	1050	12	40	900	800	15	50

3.3.6 低温钛合金

继开展了对已有的钛合金 TA7、TC1 和 Ti-3Al-2.5V 等的低温性能测试和应用研究后，我国又研制出具有自主知识产权的、适用于低温管路系统的 α 型钛合金 CT20，该合金具有良好的力学性能（见表 3.6）。CT20 合金的研究已达到工业化规模，由此合金制备的各种零部件正在使用中。

表 3.6 我国研制的部分低温钛合金及典型性能

合金成分	温度/℃	σ_b/MPa	$\sigma_{0.2}$/MPa	δ/%
Ti-5Al-2.5Sn	20	800	700	10
	−196	1240	1120	20
	−253	1570	1290	19.5
Ti-2Al-1.5Mn	20	600	630	15
	−196	1150	1090	25
	−253	1380	949	15.4
Ti-3Al-2.5V	20	700	500	15
	−196	1179	986	20
	−253	1510	1386	2
CT20	20	≥670	≥550	≥33
	−253	≥1300		≥13

3.3.7 医用钛合金

3.3.7.1 概述

生物医用金属材料是用于对生物体进行诊断、治疗、修复或替换其病损组织、器官或增进其功能的金属或合金，主要用于骨和牙等硬组织的修复和替换、心血管和软组织修复以及人工器官的制造。随着生物技术的蓬勃发展，生物医用金属材料及其制品产业将发展成为 21 世纪世界经济的一个支柱产业。

钛及其合金具有无毒、质轻、比强度高、耐生物体腐蚀及良好的生物兼容性等特性，是理想的医用金属材料，被广泛用于人工骨、人工关节、齿科、整形外科、心脏外科、体内支撑架及医疗器械等医学领域。图 3.1 所示为钛在人体中的典型应用和一些医用钛产品例子。

目前人口老龄化已成为世界范围的社会问题，同时中、青年创伤迅速增加，疾病和意外伤害剧增，特别是随着国民经济的发展和人民生活水平的提高，人们对自身医疗康复日益重视，作为人体组织和器官再生与修复材料重要分支的生物医学钛合金材料存在着巨大的市场需求。

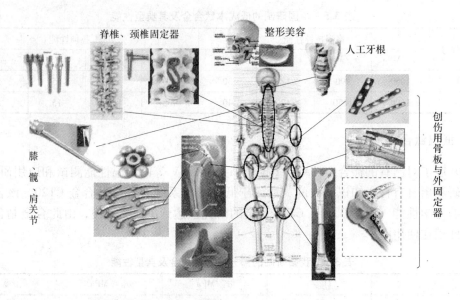

图 3.1　钛在人体中的应用和一些医用钛产品例子

3.3.7.2　医用钛合金的发展现状

医用钛及其合金的发展可分为三个阶段，第一阶段以纯钛和 Ti-6Al-4V 为代表，第二阶段以 Ti-5Al-2.5Fe 和 Ti-6Al-7Nb 为代表，为新型 α+β 钛合金，第三阶段为开发与研制更好生物相容性和更低弹性模量钛合金的标志，其中以对 β 型钛合金的研究最为广泛。

最初应用于临床的钛合金主要以纯钛和 Ti-6Al-4V 为代表，纯钛在生理环境中具有良好的抗腐蚀性能，但其强度较低，耐磨损性能较差，限制了它在承载较大部位的应用，目前主要用于口腔修复及承载较小部分的骨替换，目前尚未出现强度问题。相比之下，Ti-6Al-4V 具有较高的强度和较好的加工性能，这种合金最初是为航天应用设计的，20 世纪 70 年代后期被广泛用作外科修复材料，如髋关节、膝关节等，同时，Ti-6Al-4V 也在临床上被用作股骨和胫骨替换材料，但这类合金含有钒和铝两种元素。钒被认为是对生物体有毒的元素，其在生物体内聚集在骨、肝、肾、脾等器官，毒性效应与磷酸盐的生化代谢有关，通过影响 Na^+、K^+、Ca^{2+} 和 H^+ 的 ATP 酶发生作用，毒性超过镍和铬。铝元素对生物体的危害是通过铝盐在体内的蓄积而导致器官的损伤，另外，铝元素还可能引起骨软化、贫血和神经紊乱等症状，而且这类合金耐蚀性相对较差。

为了避免钒元素的潜在毒性，20 世纪 80 年代中期，两种新型 α+β 型医用钛合金 Ti-5Al-2.5Fe 和 Ti-6Al-7Nb 在欧洲得到了发展。这类合金的力学性能与 Ti-6Al-4V 相近，在此类合金中虽然以铁和铌取代了毒性元素钒，但仍含有铝元素，另外，与其他金属相比，虽然这两种合金及 Ti-6Al-4V 与骨的弹性模量最为接近，但仍为骨弹性模量的 4～10 倍，这种植体与骨之间弹性模量的不匹配，将使得载荷不能由种植体很好地传递到相邻骨组织，出现"应力屏蔽"现象，从而导致种植体周围出现骨吸收，最终引起种植体松动或断裂，造成种植失败，因此，开发研究生物相容性更好、弹性模量更低的新型医用钛合金，以适应临床对种植材料的需求，成为生物医学金属材料的主要研究内容之一。

近年来，新型医用 β 型钛合金的研制正是适应以上要求而发展的，20 世纪 90 年代初期，Ti-Mo 系 β 型钛合金作为医用材料得到了广泛研究，如 Ti-12Mo-6Zr-2Fe、Ti-15Mo-5Zr-3Al 及 Ti-15Mo-3Nb-0.30Fe 等。与 Ti-6Al-4V 相比，这类合金具有更高的拉伸强度、断裂韧性，更好的耐磨损性能以及更低的弹性模量。这类合金的弹性模量虽然大大降低了，但仍为骨弹性模量的 2~7 倍，而且含有大量钼元素，动物实验已证明，钼元素会产生严重的组织反应。20 世纪 90 年代初，美国 Smith & Nephew Richards 公司在研制的 Ti-13Nb-13Zr 合金中加入了生物相容性元素铌和锆，此合金不仅弹性模量（79GPa）低于纯钛和 Ti-6Al-4V，而且与生物完全相容。通过研究，发现此合金在腐蚀和磨损共存环境下的退化程度小于 Ti-6Al-4V 和 Ti-6Al-7Nb，最近对 Ti-Nb-Zr-Ta（TNZT）系合金的研究发现，通过生物相容性元素铌、钽和锆的应用，可使潜在组织反应达到最小，这类合金的典型代表是 Ti-35Nb-7Zr-5Ta，其弹性模量仅 55GPa，但此合金的强度也相对较低。

中国从 20 世纪 70 年代开始就致力于生物医用钛合金等生物材料的研制与开发，成功研制出具有中国自主知识产权的第二代新型医用钛合金 TAMZ，该合金在生物相容性、综合力学性能及工艺成型性方面优于 TC4(Ti-6Al-4V)，而在综合力学性能及工艺成型方面也同样优于国外开发的 Ti-5Al-2.5Fe 和 Ti-6Al-7Nb 医用钛合金。2002 年，又开始了对生物相容性及力学相容性更好的第三代 β 型医用钛合金的设计和开发，新开发的两类近 β 型钛合金——TLM1 和 TLM2，在保持合金中、高强度和高韧性的同时又具有优良的冷、热加工性能。新材料具有生物及力学相容性优良、原料易得、熔炼机加工工艺简单易控制、性价比高等特点，世界各国研发医用钛合金对比一览表见表 3.7。

表 3.7 世界各国研发医用钛合金对比一览表

序号	国家	名义成分（质量分数）/%	力学性能					合金类型
			σ_b/MPa	$\sigma_{0.2}$/MPa	δ/%	Φ/%	E/GPa	
1	中国	TAZM	850	650	15	50	105	α+β
2	中国	TLM1	1000	965	18	70	78	近 β
3	中国	TLM2	1060	1020	17	70	79	近 β
4	日本	Ti29Nb13Ta5Zr	911	864	13		84	β
5	日本	Ti15Sn4Nb2Ta0.2Pd	990	833	14	49	100	α+β
6	美国	Ti13Nb13Zr	1030	900	15	45	79	近 β
7	美国	Ti12Mo6Zr2Fe（TMZF）	1000	1060	18	64	74~85	β
8	美国	Ti5Mo3Nb（21SRx）	1034	100	14		79~83	β
9	德国	Ti5Al2.5Fe	1033	914	15	39	105	α+β
10	德国	Ti-30Ta					60~80	近 β
11	瑞士	Ti6Al7Nb	1024	921	14	42	110	α+β

尽管多种新型医用钛合金相继问世，但目前临床广泛使用的医用型钛材仍以纯钛及 Ti-6Al-4V 合金为主。

3.4　钛材加工

3.4.1　中国钛材加工情况

中国钛加工业的发展经历了三个阶段，在第一阶段的创业期，主要有沈阳有色金属加工厂、宝鸡有色金属加工厂、上钢三厂、上海有色所和北京有色院等几家国有厂院单位开始钛加工材的研发和试制工作，年产量在 100t 左右，主要面向军工等领域生产急需的钛及钛合金加工材。

在第二阶段的发展期，由于军工需求量的减小，使得几家国有钛加工企业不得不向民用化工、冶金和制盐等传统领域推广钛加工材，在国务院和全国钛办的大力支持下，经过 20 多年的发展，建成了钛及钛合金熔炼、锻造、开坯、热轧、冷轧等主要加工工序及装备，形成了钛及钛合金板、棒、管、带、丝等产品系列，在纯碱、氯碱、冶金、制盐和电力等民用行业得到了广泛的推广和应用，钛材的产量也从过去的百吨提高到千吨级的水平，一般工业用钛及钛合金加工材在产品质量、产量和产能方面，都得到了很大的提升。

在第三阶段的爆发期，随着国民经济的快速发展和国际航空业的复苏，中国钛加工业迎来了高速发展的时期，在此阶段，国内的原国有钛加工企业纷纷引进国外的先进钛加工设备，完善各自的钛加工产业链布局，面向今后的高端钛应用领域，以此来分享中国经济高速发展的"盛宴"。民营企业在此阶段也得到了迅速发展，在陕西、辽宁和江苏地区新上了近百家中小型民营企业，以来料加工协作的形式完成钛加工产品的生产，在化工、冶金等中低端民用领域进军钛市场。

在第三阶段，由于国营企业均是采取钛加工全产业链布局的方式来进行投资，而民营企业则采取投资少、风险小的来料加工协作的方式进行投资，因此在一般工业领域，民营企业占有较大的优势，而在质量要求高、风险大、成品率低的高端宇航、船舶和医疗等领域，国营企业则占有一定的优势。图 3.2 所示为 2002~2012 年中国钛加工材的进出口量。

在中国钛加工业第一阶段的创业期，钛材由于被国外封锁，几乎没有进出口贸易，在第二阶段的发展期，钛材的进出口贸易由于苏联的解体，钛材以不同的方式从各个口岸大量进口，对中国薄弱的民族钛工业的发展产生了很大的冲击，致使中国钛工业在 20 世纪 90 年代发展缓慢，市场花费了近 10 年的时间，才消耗掉从独联体进口的大量钛材；第三阶段的爆发期，随着国际航空及中国化工领域的需求急需增长，钛加工材进出口贸易开始大幅活跃，在进口方向，由于近几年国内电力行业的大发展，滨海电站以及核电领域所使用的大量钛焊管从日本和美国进口，年进口量平均在 3~5kt；而石化领域的板式换热器用钛带材也因行业未国产化而大量进口；在出口方面，由于国内江苏民营企业无缝钛管的低成本生产，因此这些年，钛无缝管的出口量也稳定在 1kt 以上的水平，由于国内原料和加工的低成本，国外在一般工业用钛棒、板和钛制品方面，国内钛加工企业这些年的出口量呈上升态势。

3.4.2　中国钛加工材需求情况分析

2006 年，中国共生产钛加工材 12807.6t，销售 13913.26t，库存 703.14t，净进口 72t，

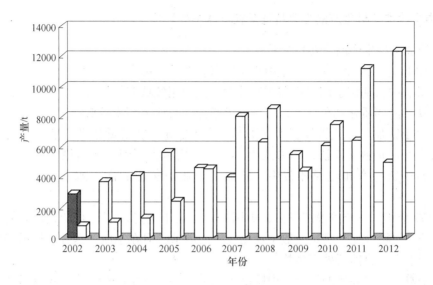

图 3.2 2002~2012 年中国钛加工材的进出口量

实际国内的总需求量为 13985.26t。近年来，中国钛及钛合金加工材产品在不同领域广泛应用，其中化工仍是中国钛加工材最大用户，第二大用户是体育休闲业，第三大用户是航空航天业。

图 3.3 所示为 2012 年中国钛材在各领域的需求分布。从图中可以看出，中国的钛材需求主要以化工为主，占总需求的一半以上，其次是电力、体育休闲和航空航天等领域，合计占总需求的三成以上。从近些年的发展情况看，中国在军工、体育休闲和医疗领域的钛材需求增长较快。

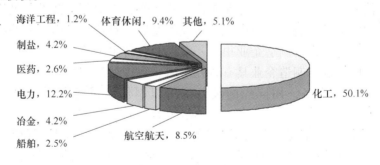

图 3.3 2012 年中国钛材在各领域的需求分布

中国钛加工业发展的第一阶段，主要以军工需求为主，占总需求的 90% 以上；第二阶段主要以化工、冶金、制盐和电力等一般工业需求为主，合计占总需求的 60% 以上；到第三阶段中国钛材在各个领域的需求均有大幅的增长，增速较快的为电力、航空航天、体育休闲和医疗等领域。

近年来，随着需求项目的减少以及国际金融危机，钛加工材的需求增速开始放缓，产能过剩的矛盾逐渐突出，中国钛加工业进入了过渡调整的时期。预计这一趋势还将维持一段时间，经过调整后的中国钛工业将向军工、民航、医疗和体育休闲等领域发展。

3.4.3 中国钛加工材生产的主要特征及在全球中的地位

中国钛加工材生产的主要特征是:

(1) 中低端产品的产能过大,中小型民营企业数量庞大。

(2) 具有中长期需求的客户和领域较少,钛应用领域有待拓展。

(3) 钛产品同质化现象严重,市场竞争激烈,行业毛利率较低。

(4) 由于钛加工产业链投资大,市场需求不稳定,因此除国营企业外,大多数民营企业目前还处在来料加工协作的方式生产,产品质量得不到长期的稳定保证。行业内的订单多掌握在贸易商和流通环节中,钛加工企业的实际利润率水平较低,一般在8%左右。

经过60余年、三个阶段的发展,中国钛加工业不论是产能还是产量,均处于世界首位,生产的钛材可以完全满足一般工业用钛材的需求,但在宇航、医疗、民航等高端领域的钛合金需求上,目前还处于劣势。

综合来看,经过多年的发展,中国已形成了钛工业较完备的生产、设计和科研开发体系,成为继美国、独联体和日本之后的第4个具有较完整钛工业体系的国家,但中国的钛工业,在生产原料、钛合金的生产工艺及质量认证方面,与美国等钛工业强国相比,还有很大的差距。

3.5 钛 装 备

所有的钛及钛合金加工材都必须进行进一步的深加工,或加工成零部件、或制作成设备才能发挥它的作用。中国钛材应用领域以民用为主,占80%左右,这些钛材全部制成钛设备以供使用。钛设备主要由专业制造企业制作,少部分由钛设备最终用户自己加工制作。专业的钛设备制造企业对中国钛工业的发展,对钛在民用领域的推广应用做出了重大的贡献。中国钛设备制造企业很多,规模和装备水平差别很大。国内目前只有在十几家较具规模的钛设备制造企业具有数控车床、数控钻床和自动焊机。专业钛设备制造企业不仅能制作钛设备,用同样的装备也可以制作锆设备和耐蚀镍基合金等其他设备。

与钛产品不同,中国钛装备经历了两个阶段的发展过程,一个是创业期,一个是发展期。创业期也就是中国钛加工业的发展期,在这一时期,在国家的大力支持下,钛材在中国化工领域等一般工业领域得到了广泛应用,也使得中国钛装备制造业异军突起。经过30余年的发展,形成了近百家的生产企业,其中大中型企业有近20家。中国主要的钛设备生产企业有:(1) 宝钛集团有限公司;(2) 南京中圣高科技产业公司;(3) 南京斯迈柯特种金属装备公司;(4) 南京宝泰特种材料有限公司;(5) 沈阳派司钛设备公司;(6) 辽宁新华阳伟业装备制造公司;(7) 沈阳东方钛业公司;(8) 洛阳船舶材料研究所;(9) 西北有色金属研究院;(10) 宝鸡力兴钛业集团。

上述企业是中国钛行业的中流砥柱,代表了中国钛装备制造业的整体水平。

中国钛装备制造业虽起步较晚,但生命力旺盛。这主要是由于钛设备制造业是钛材的下游应用领域,具有比一般工业用钛材更高的附加值,且经营灵活,设备投资相比钛材较小，在市场不景气时，可通过多种不同材料的加工制作设备来提高其利润率，降低成本。

3.6 钛加工材在各行业的应用

图 3.4 所示为 2002~2012 年中国钛加工材在各领域的用量。在中国钛加工业发展的第一阶段即创业期，钛材主要由几家国营企业来试制生产，产品主要以军工为主，用量较少，年需求量在几百吨；在中国钛工业发展的第二阶段即发展期，钛材在民用化工领域得到了广泛的推广和应用，年需求量增长到上千吨，产品主要以民用化工领域为主；中国钛工业发展的第三阶段即爆发期，中国钛工业在传统民用各领域的用量得到了爆发式的增长，用钛量比第二阶段增长了 22 倍。

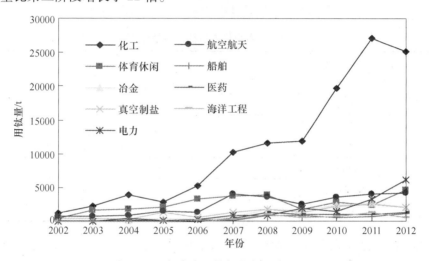

图 3.4　近年来中国钛材在各领域的用量

在近年来中国钛工业高速发展阶段，化工领域的用钛量快速增长，这主要是化工领域在 PTA、氯碱、纯碱和真空制盐等领域的新建和扩建项目增多，但随着国际金融危机的到来，2011 年后，一般工业产能过剩现象严重，化工项目用钛开始骤减，但与此同时，中国的航空航天、电力、医疗和体育休闲等领域的用钛量呈上升势头，因此，2012 年中国钛的产量仍呈增长的态势。

3.6.1 化工行业应用情况

化工行业是中国国民经济的基础、支柱产业之一，在国民经济中占有举足轻重的地位，与中国经济发展速度（GDP）同步运行。

图 3.5 所示为 2002~2012 年我国化工领域的用钛量，从图中可以看出，随着中国经济的发展，化工用钛量也呈快速增长的态势，到 2012 年开始有所回落。这一领域目前仍是中国最大的用钛领域。

该领域的主要应用行业为 PTA、氯碱、纯碱、无机盐和真空制盐行业等。中国化工各行业用钛比例见表 3.8。

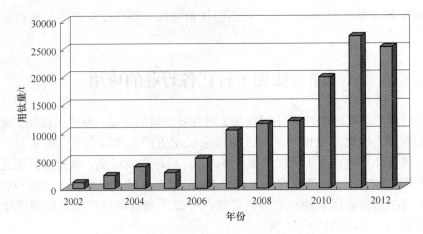

图 3.5　2002~2012 年中国化工领域的用钛量

表 3.8　中国化工各行业用钛比例

领　　域	比例/%
氯碱	25
纯碱	21
真空制盐	16
石油化纤	22
无机盐	4
精细化工	3
其他	9

在用钛的各种化工设备中，换热器用钛量最多，占用量的 52%，其次为阳极，占 24%，容器、管和泵阀则占 19%、其他占 5%。

钛材在化学中的应用，主要有电解槽（电极）、反应器、浓缩器、分离器、热交换器、冷却器、吸收塔、连接配管、配件（法兰盘、螺栓、螺母）垫圈、泵、阀等。

上述化工各领域主要由中国钛设备制造业骨干企业通过招标和投标的方式来承接化工行业的新建和扩建项目，生产企业需获得国家质量监督检验总局颁发的 A1、A2、D1、D2 等各类压力容器的中华人民共和国特种设备制造许可证，其他认证可根据企业自身所处行业情况来获取。

3.6.1.1　氯碱工业

氯碱工业是以工业食盐为主要原料，通过电解的方法制备烧碱以及氯气等产品的基础工业，是中国化学工业的基础和支柱产业之一。

钛在化工领域中的最早用户是氯碱工业，在氯碱的生产中，钛设备和管道几乎占其质量的 1/4。其用钛的主要设备有：金属阳极电解槽、离子膜电解槽、列管式湿氯冷却器、氯废水脱氯塔、氯气冷却洗涤塔、精制盐水预热器和真空脱氯用泵和阀门等。

在中国主要有两种方法生产烧碱：隔膜法和离子膜法。目前隔膜法已基本被离子膜法替代。离子膜电解槽的阳极部分，世界各国都毫无例外地选择了在阳极液中耐腐蚀性能非常优良的钛金属。

离子膜烧碱装置除主体设备电解槽外，钛制设备应用的部位主要有：

（1）盐水系统的液面计。

（2）阳极液系统的阳极液槽及氯气洗涤塔。

（3）淡盐水系统的脱氯塔，淡盐水分配器，仪表冷却器。

（4）次氯酸钠系统的冷却、吸收塔、分配器。

（5）氯气系统的湿氯气冷却器。

（6）除害系统的换热器、除害风机。

2010 年建成投产的离子膜烧碱厂家约 30 余家，产能接近 5000kt。到"十一五"末，中国烧碱的总产能达到了 33000kt。每万吨级离子膜电解槽钛材用量见表 3.9。

表 3.9 每万吨级离子膜电解槽钛材用量

槽 型	材料形式	材料用量/t	材料主要用途
标准型复极槽	板材、棒材、管材、丝材	6.05	单元槽、阳极总管、阳极网、复合板
改进型复极槽	板材、棒材、管材、丝材	4.98	阳极盘、阳极总管、阳极网

根据一套万吨级装置的用钛量约 6t 来计算，在离子膜烧碱新建项目上的用钛量，2010~2012 年新增离子膜烧碱项目的用钛量见表 3.10。

表 3.10 2010~2012 年新增离子膜烧碱项目的用钛量

年 份	新增产能/kt	用钛量/t
2010	5000	3000
2011	6000	3600
2012	2000	1200

按照中国最大的离子膜电解槽制造商北京蓝星提供的数据，10kt 的离子膜电解槽需要 1.0mm×1336mm×2418mm 的钛板约 2~3t，北京蓝星 2010 年新建离子膜烧碱 2000kt，大约需要进口 400~600t 纯钛板。

3.6.1.2 纯碱工业

受下游化工、冶金、电子、建材、装饰等行业快速拉动，近些年来，纯碱需求十分旺盛。

在纯碱生产中，钛材主要用于：

（1）碳化塔冷却管。

（2）结晶外冷器。

（3）蒸馏塔顶氨冷凝器。

（4）氯化铵母液加热器。

（5）平板换热器。

（6）伞板换热器。

（7）CO_2 透平压缩机转子叶轮、碱液泵等。

纯碱行业"十二五"期间新建能力 11000kt，其中联碱 6550kt，氨碱 5450kt。纯碱行业"十二五"期间扩建能力 2600kt，其中联碱 1600kt，氨碱 1000kt。

氨碱法每 10kt 需用钛 4～5t，氨碱法新增 5450kt，共需用钛 2180～2725t；联碱法每 10kt 需用钛 1.6～1.7t，如联碱法新增 6550kt，共需用钛 1048～1113t。

3.6.1.3　制盐业

中国制盐以海盐为主，其次是井矿盐和湖盐，井矿盐是指地下矿盐，有两种类型：一种是固体矿盐，另一种是液体矿盐。四川省两种类型矿盐都有。湖南、湖北、云南及江西等省以固体矿盐为主，另外江苏、山东、河南等省也有井矿盐。20 世纪 50 年代出现真空制盐，开始出现较多的真空制盐工厂。制盐蒸发器曾用碳钢设备，由于腐蚀严重，改用钛材后真空制盐工业发展得较快。营口盐化工厂从瑞士引进 150kt 精制盐项目，其中制盐的蒸发部分也选用纯钛。

在使用钛材之前，中国真空制盐业存在的主要问题是：腐蚀、结垢和盐的质量难以提高等问题。

图 3.6 所示为 2002～2012 年中国真空制盐业的用钛量。

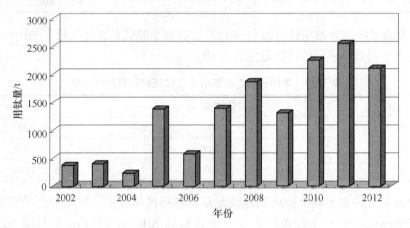

图 3.6　2002～2012 年中国真空制盐业的用钛量

同其他行业一样，中国真空制盐业大量用钛也是从近些年开始的。从图 3.6 中可以看出，自 2002 年以后，随着中国经济的发展，以及工业和食用盐需求量的增加，中国钛材在真空制盐业的用量呈逐步上升的趋势。

根据各个项目的不同情况，10kt 真空制盐用钛约为 1.5～2.5t。

3.6.2　PTA 行业应用情况

3.6.2.1　对苯二甲酸和精对苯二甲酸及聚酯装置

对苯二甲酸、精对苯二甲酸——Purified Terephthalic Acid（PTA）是聚酯纤维的原料，对苯二甲酸曾于 1865 年合成，但在 1941 年发明了聚酯纤维，10 年后，到 1951 年才开始工业化，工业上主要用对二甲苯氧化法生产，该法又分低温氧化法和高温氧化法。

精对苯二甲酸（$HOOC(C_6H_4)COOH$）制造工艺分为两个阶段：

第一阶段是由对二甲苯为原料，制造纯度为 98% 的粗对苯二甲酸（TA）。醋酸作溶媒，醋酸钴与醋酸锰作触媒，在 200℃，2.5~8.0MPa 的高温高压和溴化物存在的情况下（原先采用四溴乙烷，现采用反应活性更强、腐蚀性更大的氢溴酸），通过空气氧化，其中氧化反应器及其后续设备接触含溴、醋酸物料，这种环境的实用材料是钛。

第二阶段是把 TA 在 280~290℃，6.8~8.0MPa 加氢精制得到纯度为 99.99% 的 PTA，由于该阶段工艺环境不像第一阶段苛刻，一般不必要采用钛材。

阿莫柯（Amoco）公司是石油炼制与石油化学的综合企业，也是世界上最大的 PTA 制造企业，在 PTA 制造工艺与设备材料开发方面处于世界领先地位。主要生产厂在美国休斯敦。

阿莫柯美国公司建设的反应器的直径约 6m，高约 21m，采用钛与碳钢复合材料制造，其反应条件为 204℃，2.5MPa；阿莫柯比利时公司建设的 2 号反应器采用在碳钢基材上覆盖 2mm 厚的钛板，直径 5.7m，高 12m，重达 170t。结晶与醋酸回收设备选用钛或 904L，含钼 6% 的不锈钢或 300 系列不锈钢。

PTA 生产企业较多，日本有三菱化学、三井化学、东芝等公司，以及韩国、马来西亚、印尼等国。日本制造的对苯二甲酸反应器，高压容器采用钛复合板的多层圆筒结构及钛复合板的单壁容器，搅拌轴和轴封装置使用 Ti-6Al-4V 钛合金。

中国的 PTA 生产企业有上海石化、燕山石化、天津石化、扬子石化、辽阳石化、洛阳石化、乌鲁木齐石化、仪征化纤、济南化纤、泉州石化、镇海化工等。中国 PTA 生产装置均从国外成套引进，如上海石化 1974 年从日本引进了 250kt/a 对苯二甲酸低温氧化法生产装置，1984 又从日本引进了 225kt/a 精对苯二甲酸高温氧化法生产装置，该装置主要有氧化反应器、加氢反应器、溶解器、醋酸精馏塔、大型塔器、换热器、冷却器、贮罐、泵、阀、管道等。1984 年还从日本引进了 200kt/a 聚酯装置，其中 6 台第一酯化冷却器用钛制造。20 世纪 90 年代，仪征化纤与洛阳石化等加氢工序中，引进的部分设备与器件都使用钛材。

石油化工是中国支柱产业，经济效益名列前茅，"十三五"期间石化行业将继续发展。以 500kt/a 生产能力的 PTA 装置为例，使用钛材的设备见表 3.11。以容积为 400m³ 的 PTA 氧化反应器为例，尽管使用的是钛钢复合板，但是，该反应器大约需要纯钛材 10t 左右。

表 3.11　年产 500kt 的 PTA 装置用钛材的设备

氧化反应器	1 台	换热器	42 台
结晶器	3 台	储罐	55 台
真空过滤机	2 台	工艺阀门	2500 个
干燥机	1 台	泵	123 台
醋酸回收塔	1 台	其他	略

2015 年、2020 年中国 PTA 的需求为 30000kt、38000kt，按 PTA 国内满足率 80%，开工率 90% 计算，相应 PTA 的生产能力为 26700kt、33800kt。与 2010 年相比，分别有 10700kt、17800kt 的发展空间。这无疑给钛的应用带来机遇。

3.6.2.2　乙醛及醋酸和醋酸乙烯

A　乙醛

乙醛是制备醋酸、醋酸乙烯等的主要中间原料，乙醛过去用乙炔和水的反应来制备。1962 年，由德国黑克斯德公司和瓦茨卡公司共同研究开发了用乙烯直接氧化的工艺，该法是用氯化钯作催化剂，将乙烯直接氧化。氧化的方式有两种，即使用氧和空气，催化剂循环使用，用氯化铜把还原的钯再返回到氯化钯，再将生成的氯化亚铜氧化成氯化铜。两种方法中，在反应系统中都是以钛的反应器为中心，槽、热交换器、管道等都使用大量的钛。由于氯化物浓度和温度都高，使用纯钛也会产生缝隙腐蚀，而采用 Ti-Pd 合金能解决腐蚀问题。美国的 Celanise 公司用 Ti-0.15%Pd 钛合金来制造乙醛的钢反应器衬里。1962 年以来，日本改用氧化乙烯工艺制造乙醛，由于循环触媒氯离子的腐蚀，18-8 不锈钢，甚至纯钛也不耐用，故在反应系统中的槽、热交换器、配管等处使用了含钯的钛合金。日本建一座年产 60kt 乙醛的工厂需钛材 20t。德国克虏伯公司使用钛设备直接氧化乙烯生产乙醛。俄罗斯在慢速催化剂直接氧化乙烯生产乙醛中，经三年的生产实践证明，在含有盐酸、氯化铜、氯化铁、氯化亚钯和含氯的有机化合物溶液中，在 125℃、1.2MPa 压力条件下，钛不耐蚀，可使用 BT1-0 钛来制作合成和反应设备。

上海石油化工总厂 1976 年由德国引进了年产 30kt 乙醛生产装置，采用乙烯直接氧化生产乙醛，自投产至今 30 多年运行良好，证明钛完全能满足生产工艺要求，生产装置包括反应器、再生器、除沫器、分离器、第一和第二冷凝器、接管以及泵等。

B　醋酸

醋酸是基本的有机原料之一，是生产合成纤维和医药工业的重要原料，也可以作溶剂。钛材在醋酸生产中的应用，主要包括氧化塔、分离塔、脱沸塔、精馏塔、醋酸回收塔、再沸器、加热器、冷却器、闪蒸器、泵、阀等。

生产醋酸的生产工艺较多，古老的方法最早是用粮食制取酒精，然后再将酒精制成醋酸。后来用木材干馏制取醋酸。19 世纪末，开发了用乙烯直接氧化制取乙醛，然后乙醛再直接氧化制成醋酸的工艺。1964 年，法国 BASF 公司开发了甲醇—氧化碳制取醋酸的工艺。

中国原生产醋酸主要采用电石法，其次是酒精法，每生产 1t 电石要消耗 3000kW·h 电，每生产 1t 醋酸至少要消耗 2.6t 粮食，两种方法都不经济。

上海某厂年产 35kt 乙醛氧化制醋酸装置系国内设计制造，1996 年投产。接触醋酸的设备原选用超低碳含钼不锈钢，由于高温醋酸含有甲酸、氯离子等杂质，某些设备腐蚀相当严重。为了提高设备使用寿命，该装置中的脱高沸物塔顶、脱低沸物塔顶冷凝器等陆续改用了钛制品，脱水塔等构件也改用 TA2 与 TA10。

上海试剂某厂采用了轻油氧化制醋酸工艺，传统醋酸生产中用的 1Cr18Ni9Ti 不锈钢设备遭到严重腐蚀，使用寿命只有 2~3 周，该厂生产中使用了钛制针形截止阀和球形截止阀后，停工次数减少、维修费用降低。大连氯酸钾厂在回收醋酸的工序中使用了回收塔，解决了以往使用高硅铸铁回收塔的腐蚀问题。西北某制药厂利用石油气中的乙烯直接制取乙醛，再氧化制成醋酸。工艺中采用的催化剂是氯化钯及氯化铜，该厂采用了钛制氧化塔、催化剂再生器、冷却器、泵、阀等。

C 醋酸乙烯

苏州某厂乙烯直接液相法氧化制取醋酸乙烯的工艺中,氧化制乙醛的反应塔、进出料管、出料阀和温度计套管都采用了钛材,使用效果良好。

3.6.2.3 丙酮

丙烯氧化制丙酮最好用钛材来解决设备的腐蚀问题。日本在生产丙酮中,使用钛钯合金的反应器和配管等,建一座年产 30kt 丙酮的工厂需钛 40t。

哈尔滨化工某厂在丙烯制丙酮的装置中采用部分钛制设备,实践证明,钛在这种介质中是完全耐腐蚀的。湖南某化工厂建的丙酮装置,所用的大部分设备都用钛材制作。

3.6.2.4 石油精炼

石油精炼时,由于原油中含盐分和硫,对不锈钢、铜合金设备会产生严重腐蚀,因而需要用钛来制作石油精炼的热交换器、蒸馏塔、反应器等。另外,也用钛制作热电偶保护管、泵的平板阀、配管、阀门、各种弹簧、测量仪器、托架等。

1970 年,日本某炼油厂开始采用钛制热交换器,现已安装 23 台。钛制热交换器的价格约为不锈钢的 2 倍,其使用寿命在 6 年以上,与寿命只有 2~3 年的不锈钢相比,在经济上是有利的。日本在石油精炼也大约使用了 50 台热交换器,平均每台热交换器用钛量约为 800~1000kg。油和气的冷却使用了直接冷却和间接冷却装置。在直接冷却中,使用了列管热交换器,以海水为冷却剂。在间接冷却系统中,使用了碳钢热交换器,以海水为冷却剂,再用钛管热交换器中的海水来冷却这些海水。辅助装置使用了钛制管状压缩冷却器、内冷却器、低压原油冷却器。

20 世纪 70 年代中期以来,中国 PTA 工业从无到有,得到了飞速发展。尤其是近些年来,由于需求的急剧增加,中国 PTA 产能迅速增长,新建装置不断投产,单套装置产能亦不断扩大,中国已成为世界最大 PTA 生产国和消费国。

为了适应不同的介质条件,PTA 生产装置所使用的钛材已由原来的 Gr. 1,Gr. 2,Gr. 3、Gr. 11 增加到了目前的 10 种。

南京某厂完成了 $\phi6900mm \times 46000mm$ 塔、$\phi7000mm \times 12000mm$ 反应釜、$\phi4400mm \times 43000mm$ 冷凝器的生产,是国内首次完成 PTA 装置中的超大型钛制容器。这些钛制容器,经顾客和第三方检验,质量符合要求,2005 年已陆续投入使用。

以 500kt/a 生产能力的 PTA 装置为例,使用钛材料的设备见表 3.12。

表 3.12 500kt/a PTA 装置用钛设备情况

氧化反应器	1 台
结晶器	3 台
真空过滤机	2 台
干燥机	1 台
醋酸回收塔	1 台
换热器	42 台
储罐	55 个

工艺阀门	2500 个
泵	123 个
其他	略

以容积为 400m³ 的 PTA 氧化反应器为例，材料使用的是钛钢复合板，该反应器大约需要纯钛材料 10t 左右。

中国大陆 PTA 装置目前规模 16000kt/a。正在建设的 PTA 装置规模为 20000kt/a，用钛量约 4000~4700t。正在筹建的装置规模 10000kt/a。

3.6.3　无机盐行业应用情况

3.6.3.1　氯酸盐

氯酸盐主要以氯酸钾、氯酸钠产品为主。

氯酸钠全球生产能力近 3500kt/a，其中北美、欧洲占 70%，其他地区约占 30%。实际产量近 3000kt/a。每年消费量以 3%~4% 的速度递增。

国内氯酸钠生产近两年来发展很快，总生产能力突破 1000kt/a。

氯酸盐钛制设备主要有电解槽、钛阳极、反应发生器、蒸发器等，每 10kt 氯酸钠大概需要使用钛材 15t。

3.6.3.2　钾盐

钾盐产品包括氯化钾、硫酸钾、硝酸钾、碳酸钾等，其中生产硝酸钾和碳酸钾的蒸发器、预热罐和冷却器需要使用钛制设备。目前，中国硝酸钾和碳酸钾的总产能约为 600kt。

3.6.4　航空航天领域应用情况

3.6.4.1　钛在中国航空领域的应用

在中国航空领域，目前钛的消费量仅占 10%，但随着中国大飞机计划的启动和实施，中国钛工业的高端化发展迎来了政策和市场的双重利好，钛在航空领域的应用必将迎来大的发展。据中国航空工业供销有限公司的统计，2012 年国内军机的用钛量为 1500t，产值约 9 亿元，其中宝钛为 6 亿元，主要以钛合金板材为主，平均价格在 500 元/kg 以上。其余订单主要投向了西部超导公司，以钛合金棒材为主，需求量约为 700t，产值约为 3 亿元，主要用户为沈飞公司，2011 年用掉价值约 2 亿元的钛材。

目前在中国四代战机项目中，西部超导与北京航空材料研究院合作，完成了直径大于 400mm 的 TC4-DT 合金棒材的研制工作，其单一品种的钛合金用量达 10t/架，目前已开始批量生产。

在航空用钛合金的认证方面，目前钛合金板材国内只有宝钛集团取得了认证，在钛合金棒材方面，西部超导抓住 2005 年原料涨价的机会取得了航空钛合金棒材的认证。

国内目前有六家企业在努力向航空领域迈进，积极争取获得航空领域的认证。其中湖南湘投集团和浙江五环钛业公司已在个别项目上获得突破，已小批量开始供货，但在常规的钛合金板材和棒材方面，获得航空领域的认证较为困难。

3.6.4.2 钛在中国航天领域的应用

钛在航天工业中的应用，主要是因为其具有低密度、高强度、耐高温、耐腐蚀等性能。

钛在航天工业中的应用也达到了减轻发射质量、增加射程、节省费用的目的，是航天工业的热门材料。在火箭、导弹和航天工业中可用作压力容器、燃料贮箱、火箭发动机壳体、火箭喷嘴套管、人造卫星外壳、载人宇宙飞船船舱（蒙皮及结构骨架）、起落架、登月舱、推进系统等。

A 高压容器

钛合金由于能减轻宇宙飞船绕轨道飞行器的总质量，因此使用在很多地方。钛的主要使用部分是装入所必需的燃料及气体的高压容器。轻量的钛合金制容器，在美国国家宇航局的双子星座飞船、阿波罗飞船两计划上研制成功，采用 Ti-6Al-4V 合金，并已实用化。阿波罗飞船上的钛制压力容器，采用了没有前例的安全系数为 1.5 的设计，并已投入使用，以前是按安全系数约为 4 进行设计。为使轨道航天飞机高压贮藏容器进一步轻量化，采用在薄壁钛容器的表面上，加上白雀纤维（美国杜邦公司生产的芳香族有机纤维）的方法。

贮存压缩气体的压力容器。"徘徊者"卫星和助推器共用了 14 个钛容器，共减轻质量 272kg。

贮存液体推进剂的压力容器。"阿波罗"飞船上使用了 50 个左右的压力容器，其中有 85% 是钛制的。大力神Ⅲ过渡级发动机，改用钛合金推进剂贮箱后质量减轻 35%。

B 发动机壳体

固体燃料火箭发动机壳体。"民兵"洲际导弹第二级火箭发动机采用了 Ti64 合金，质量减轻 30%~40%。

液体燃料火箭发动机壳体。"阿波罗"登月舱下降发动机燃烧室的承压壳是由 Ti64 合金制成的。

C 各种结构件

钛合金还广泛用于各种结构件。"水星"号宇宙飞船的压力舱主要为钛材，占座舱质量的 80%。"双子星座"号宇宙飞船所用钛合金牌号有 7 种，使用钛件 570kg，占结构质量的 84%。"阿波罗"号宇宙飞船的托架、夹具和紧固件均用钛制成，共使用 68t 钛材。

D 油压配管

航天飞机的油压配管使用 Ti-3Al-2.5V 合金制造的无缝管，由于采用这种合金，质量能够减少 40% 以上。为了减少对疲劳断裂的敏感性和提高系统的实际寿命，各种管的装配采用了自动成型。

中国的航天领域由于起步晚，承担的任务重，新试制项目层出不穷，因此所使用的钛材在批量前品种多、用钛量少、机制较为灵活，国内有十几家国、民营钛加工企业参与生产试制任务。该领域的门槛较低，在获得国家军标认证、武器装备生产许可证和三级以上保密资质认证的前提下，可重点与用钛院所在产品研发期进行合作，取得供货商的资质，争取在批量生产中获得更大的订单。图 3.7 所示为 2002~2012 年来中国在航空航天领域的用钛量。

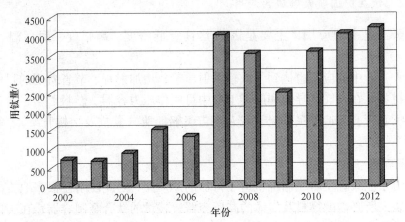

图 3.7　2002~2012 年来中国在航空航天领域的用钛量

从图 3.7 中可以看出，自 21 世纪初开始，中国在航空航天领域的用钛量呈现出快速增长的势头，尤其是 2006 年以后，用钛量已超过 4kt，呈稳步发展的态势。

在中国航空航天领域，目前钛的消费量仅占 10%左右，但随着中国大飞机计划的启动和国内 ARJ-21 和 C919 商用飞机项目的实施，中国钛工业高端化发展迎来了政策和市场的双重利好，钛在航空航天领域的应用必将迎来大的发展。2009~2028 年，中国民航业需要新增飞机 3770 架（见图 3.8），各主流机型耗材量如图 3.9 所示。

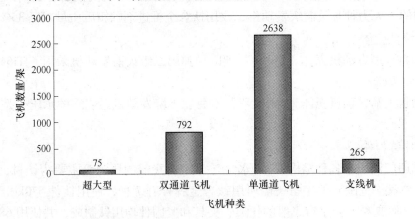

图 3.8　2009~2028 年中国民航业需要新飞机（3770 架）

钛合金在民航机各型号上的用量情况见表 3.13。

从表 3.13 中可以看出，钛合金占民航机结构质量的比率越来越大。

综合考虑钛合金的成熟性、成本、交付周期等，C919 飞机选择了 6 个钛合金牌号，包括低强高塑性、中强中韧、中强高韧、高强高韧及系统用材，产品形式涵盖了锻件（投影面积不超过 $1.1m^2$，要求的棒材直径不超过 450mm）、厚板（4.76~80mm）、薄板型材、管材、丝材等。

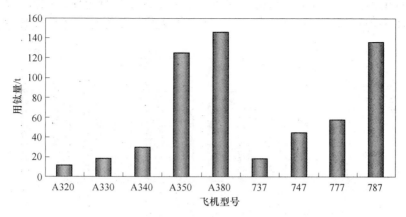

图 3.9 各主流机型耗钛材量

表 3.13 钛合金在民航机各型号上的用量情况

型号	研制年代	钛合金占结构质量比率/%
B737	20 世纪 60 年代	4
A320	20 世纪 70 年代	4.5
B777	20 世纪 90 年代	7
A380	21 世纪初	10
B787	21 世纪 10 年代	15
C919	21 世纪 10 年代	约 10

3.6.5 体育休闲领域应用情况

据统计，钛总量的 8%用于运动休闲，是钛应用的第三大应用领域。在此领域，中国尚处于起步阶段，发展前景巨大。

中国的运动休闲钛制品主要有：高尔夫球头和球具、全钛手表、眼镜架、滑板、网球拍、羽毛球拍、鱼竿，钛自行车等。

目前中国台湾是世界上此类钛制品的主要生产地。中国内地的百慕高科、洛阳双瑞万基等企业是高尔夫球头的主要生产厂商。

此类钛制品的产量受国际需求的影响较大，2008 年和 2009 年的金融危机使此类钛制品的需求下降明显，2002 年以来，中国体育休闲领域的用钛量如图 3.10 所示。

从图 3.10 可以看出，中国钛在体育休闲领域的用钛量呈现出波浪式的增长，与国际经济发展同步。这主要是由于中国钛在体育休闲领域的用量主要以出口为主，与世界各国的消费水平息息相关，也因此与世界经济发展状况联动。

在体育休闲领域，中国用钛量最大的为高尔夫球行业，全球近些年的用钛量一直稳定在 2kt 以上，主要由世界前三大品牌：美国的登禄普（Dunlop）、卡拉威（Callaway）和 TaylorMade（1998 年被阿迪达斯公司收购）等公司控制，其中阿迪达斯公司占到全世界市场份额的 60%左右。那时，在国内用钛合金板的供应商为宝钛股份和辽宁峰阁钛业公司，在铸造用钛合金的供应商为北京 621 所和洛阳船舶材料研究院，认证机构为美国在中国台湾高雄的研发中心。

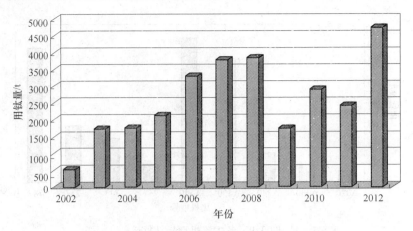

图 3.10　2002 年以来中国在体育休闲领域的用钛量

经过十几年的发展，到 2012 年，国内在该领域的用钛量基本稳定，产品质量可以满足国际市场的要求。

3.6.6　医疗领域应用情况

钛在中国医疗领域的应用始于 20 世纪末，与体育休闲领域一样，首先是进口钛材在国内加工，然后是替代进口。主要在 2002~2012 年间发展较快。

图 3.11 所示为 2002 年以来中国医疗领域的用钛量。从图中可以看出，中国在医疗领域的用钛主要从 2007 年以后开始爆发式增长，这主要是随着国民经济的快速发展，中国人民的生活水平逐步提高，医疗用钛也逐步开始普及。

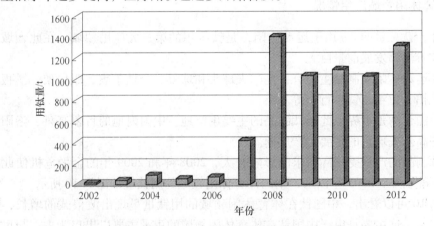

图 3.11　2002 年以来中国在医疗领域的用钛量

到 2012 年，国内在医疗领域的用钛量约 1500t/a，主要是制造人体下肢关节用的钛合金骨钉和骨板，生产企业以江苏创生和山东威高为主，国内主要生产企业目前已被国外收购，用钛量每年呈稳定增长的势头。国内，此类医疗器械的生产企业大约在 30 家左右，主要由国内的西部超导、西安赛特、宝鸡鑫诺、宝鸡英耐特和大连盛辉等企业提供钛合金材料，进入门槛不高，但要求材料稳定性好，主要是直径为 8~13mm 的 TC4 钛合金棒材和弧形板材。

3.6.7 冶金领域应用情况

钛在冶金行业，主要用于有色金属的湿法冶金设备。湿法冶金过程一般是在一定温度、压力下，用酸、碱及各种化学溶剂溶浸矿料。所使用设备（如浸出过程的浸出槽、高压釜、搅拌装置，过滤过程的过滤筛板、泵、阀门、管道，电解过程的电解极板、热交换器及排烟机、收尘设备、烟道等），都要长期接触酸、碱、药剂和各种腐蚀性气体、烟尘，因而在一定温度下易受腐蚀与机械磨损，所以这些设备中常使用不锈钢或耐酸搪瓷、铅板、衬胶和耐酸涂层材料。没有使用钛材前，设备腐蚀严重，事故多，溶液烟气的跑、冒、滴、漏严重，造成金属损失大，成本高，劳动条件差，产品品质下降。冶金工业中用钛制设备能延长设备的使用寿命、提高劳动生产率、改善产品品质、延长设备检修周期、节省维修费用、减少对环境的污染，并能简化设备，方便操作，以及提高工艺的机械化和自动化程度。部分冶金工业用钛设备见表 3.14。

表 3.14 部分冶金工业用钛制设备

生产部门		使用钛制设备
铜冶炼	铜电解	阴极母板，阴极辊筒、电解槽、电解液供应槽、泵、洗涤塔、热交换器、过滤器、管道、阀
	硫酸盐	真空蒸发装置、结晶器、蛇管加热器
	电解泥	电解泥搅拌器、泵、槽
	硫酸生产	洗涤塔、水淋冷却器、湿电滤器、浸出离子交换柱、风机、吸尘器、贮酸槽、隔离箱（清洗含有硫酸酐浸蚀气体用）、通风管道、泵、阀、配电箱
镍、钴冶炼		过滤设备、高压釜、热交换器、蒸发器、反应器、槽、萃取器、泵、阀、风机、阴极母板
铅、锌冶炼	铅冶炼	风机、通风管道、节流阀及湿式收尘零件
	沸腾焙烧炉的气体输送和气体净化装置	通风管道、除尘器、电滤器、风机
	浸出设备（溶液中含 H_2SO_4 150g/L）	储液槽、管道、泵、浓密机、空气搅拌浸出槽、风机、真空过滤器
	电解锌、镉、铟（溶液中含 H_2SO_4 170g/L）	电解槽、管道、电解液容器、蛇管换热器
铝冶炼	冰晶石生产	泵、阀
	氧化铝生产	输送 1%~2% H_2SO_4 溶液的管道
	铝的生产	过滤器、泵、阀
钛、镁冶炼	高钛渣氯化和钛镁生产烟气净化	风机、阀、泵、管道、捕集器、三通、循环槽、洗涤器、烟筒
贵金属冶炼	二次生产	反应槽、真空泵、离心机、风机、蒸发盘、吸滤器等
	黄金采矿—选矿生产	阴极、真空泵、萃取器、再萃取器、容器、风机、管道等
	硫酸和盐酸硫脲溶液	树脂交换离子柱、离子交换装置换热器、浓缩机槽、电化学析出金的阴极、输送溶液的管道、阀等
	金刚石的加工和富集	黄金氰化浸出容器、再生离子交换树脂设备等

钛在冶金工业中用于铜、镍、钴、铅、锌等冶炼设备的电解阴极种板、加热器、冷却器、反应器、阴极辊筒，钼冶炼的高压釜、铜矿湍动冷却塔，焦化厂捕尘器以及泵、阀、风机、管道等。另外干电池原料的二氧化锰电解，也采用金属钛阳极。实践表明，钛材在这些领域中的应用，生产上是可行的，技术上是先进的，经济效果显著。

图 3.12 所示为 2002~2012 年中国在冶金行业的用钛量。从图中可以看出，随着国民经济的快速发展，中国冶金行业的用钛量从 2007 年以后开始快速增长，到 2012 年钛材需求量已连续三年超过 2kt 水平。

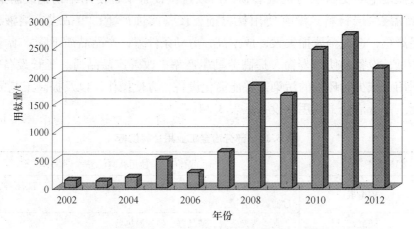

图 3.12　2002~2012 年中国在冶金行业的用钛量

3.6.8　电力领域应用情况

3.6.8.1　钛在电站凝汽器上的应用

电站凝汽器的作用是把驱动汽轮机做功的高温、高压蒸汽冷凝成水返回锅炉重新使用，它是电力行业火力发电及原子能发电的重要设备之一。

在使用淡水或干净海水作冷却水时，不锈钢、黄铜和白铜等凝汽器管的腐蚀泄露并不十分严重。20 世纪 60 年代前，国内外发电厂均采用铜合金管作冷凝器管。随着发电厂向大型机组发展，凝汽器依靠海水，甚至是受污染后的海水作冷却水。由于海水中氯离子含量高，受污染后含有硫化物，海水中存在大量海洋生物和泥沙以及海水的冲刷，使得冷凝器用铜合金管腐蚀加剧。

传统使用的铜合金管发生腐蚀方式有：全面腐蚀（均匀腐蚀）、溃蚀、冲蚀和应力腐蚀等。原本可用 10 年的铜合金管，只能用 4 年，有的甚至仅 1~2 年。铜合金制凝汽器产生的各种腐蚀将导致凝汽器腐蚀泄露，迫使电站停机，严重危及电厂的安全运行，给国民经济和人民财产带来严重的影响。例如：20 世纪 70 年代，天津军粮城发电厂，由于铜管凝汽器频繁泄露，电站累计停机 4000h，少发电 $2.2 \times 10^9 kW \cdot h$，价值 1300 多万元，更换铜管约 200t，价值 200 多万元。因此，上述材料不能适应滨海电厂冷却水质的要求，迫切需要寻找一种耐海水和污染海水腐蚀的材料。

钛以其优异的耐腐蚀性（尤其耐氯化物及硫化物介质腐蚀）、抗冲刷、低密度、高比强度、良好的冷成型性能，因此钛制管材可承受较大的扩口、压扁及弯曲等变形，且具有可焊性等良好的综合性能，成为冷却水质恶劣的电厂凝汽器的理想材料，赢得了电力行业的青睐和重视。

3.6.8.2 钛在蒸汽涡轮叶片上的应用

钛具有高的比强度和良好的耐腐蚀性能，成为引人注目的蒸汽涡轮叶片材料。比强度高能提高单位低压涡轮尺寸的设计能力，蒸汽涡轮的尺寸受最末一排叶片长度的影响很大，如果将最末一排叶片的长度增长，就可节省能量。钛可以增加叶片长度而不提高转子中的应力，因此，钛叶片可以在不提高转子应力的情况下增加叶片长度，提高涡轮机的效率。

传统的涡轮机叶片由铬钢制造。由于这种叶片耐腐蚀性能差、使用环境恶劣和工作应力高等原因，往往造成蒸汽涡轮机失效。其主要原因是蒸汽凝聚的水滴在超声速度下经过涡轮移动而侵蚀叶片，对涡轮低压端的大叶片的侵蚀更为厉害，这种侵蚀会给叶片造成裂纹和疲劳，从而缩短其使用寿命。大型发电厂一次意外停机造成的经济损失可达 10 万美元。

20 世纪 80 年代，美国用 Ti-6Al-4V 取代常用的 12%Cr 钢，在不增加叶片根部连接载荷的情况下，可使最末一排叶片的长度增长 40%。钛对蒸汽涡轮中的腐蚀性物质具有极好的耐腐蚀性能，用它制成的涡轮叶片在含有氯化物、氢氧化物及硫酸盐环境中使用不会出现点蚀、应力腐蚀及腐蚀疲劳。美国钛叶片使用 20 多年也没发生失效。因此，现在越来越多的钛合金被用于制造先进蒸汽涡轮机的叶片。钛制的蒸汽涡轮叶片不但不受蒸汽凝集的水滴侵蚀，而且还能增加设备尺寸，降低发电成本，增加设备的可靠性和耐久性。

原子能发电用汽轮机比火力发电用汽轮机的转速低、体积大，其叶片长 1.1m，承受应力大。因此低压转子的 L3、L4 级易受腐蚀并增加应力，而钛叶片能降低这种应力，有助于解决原子能发电汽轮机这一关键问题。美国、俄罗斯、英国、德国、日本、瑞士等国大力开展对蒸汽涡轮钛叶片的研制和应用。美国选用 Ti-6Al-4V 制作的蒸汽涡轮叶片，由于其具有良好的综合性能，已安全使用了 20 多年。俄罗斯涡轮机安装了钛叶片运转已超过了 18 年。

德国 Remscheid 的 Thyssenk-ruppTurbinenkomponenten 公司是叶片和精密锻造钛低压蒸汽涡轮机翼面的最主要生产商，能够生产的蒸汽涡轮叶片锻件，其长度达 1.65m。日本建议采用新型钛合金 Ti-6Al-2V-2Sn 和 SP-700 来提高叶片的强度。瑞士已安装了一台 3000r/min、1100MW 的涡轮机，在其中一级安装了钛叶片。钛叶片用于涡轮的倒数第二级，因为这个部位受水滴腐蚀最为严重。

3.6.8.3 钛在换热器上的应用

钛在电力工业中的另一个重要应用是海洋热能转换电站的换热器，这是金属使用率最高的设备。由于总循环效率低，换热器往往做得非常大，这是海洋热能转换电站中设备投资费用最多的部分。电站系统的设计原则应是寿命长（可达 30 年）、维修少，因此必须在材料有好的耐腐蚀性能基础上进行选材，综合考虑材料成本和制造成本，钛成为最有竞争力的材料。

3.6.8.4   钛钢复合板在电厂烟囱的应用

近年来，钛在民用领域的应用迅速扩大，然而由于其较高的价格，需要大量的资金投入，限制了其在相关产业中的发展，而以钛作为复层的金属复合板材，以其较低的价格和优良的耐蚀性能已越来越受到更多用户的青睐，应用领域被迅速拓展，在石油、化工、冶金、制盐、电力等众多行业得到了广泛使用，充分弥补了钛材在价格上的劣势，为钛及钛复合材的应用开辟了新的领域，为众多设备制造及使用厂家选材提供了新的思路。

3.6.9   船舶领域应用情况

3.6.9.1   钛在舰船领域的应用

钛在舰船领域的用钛部件如图 3.13 所示。

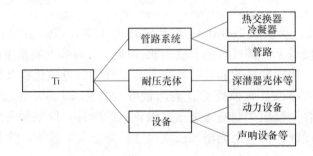

图 3.13   钛在舰船领域的用钛部件

图 3.14 所示为 2002~2012 年中国在舰船领域的用钛量。

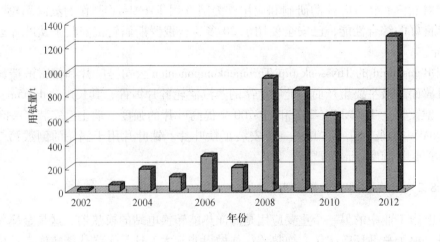

图 3.14   2002~2012 年中国在舰船领域的用钛量

中国舰船领域常用钛合金的牌号及性能见表 3.15。

表 3.15 中国舰船领域常用钛合金的牌号及性能

序号	名义合金成分	牌号	屈服强度/MPa
1	T99.0+	TA1	250
2	T99.0+	TA2	320
3	T99.0+	TA3	410
4	Ti-3Al-1Mo-0.7Ni-1.4Zr	TA22 (Ti31)	490
5	Ti-4Al-0.005B	TA5	580
6	Ti-2.5Al-2Zr-1Fe	TA23 (Ti70)	600
7	Ti-3Al-1.5Mo-1.5Zr	TA24 (Ti75)	630
8	Ti-6Al-2Zr-1Mo-3Nb	Ti80	785
9	Ti-6Al-4V (ELI)	TC4 (ELI)	825
10	Ti-3Al-4Cr-5V-5Mo-2Zr	TB19	1150

3.6.9.2 钛在深潜器上的应用

世界钛深潜器用钛的发展历程见表 3.16。

表 3.16 世界钛深潜器用钛的发展历程

序号	国家	单位名称	潜深/m	合金	年份
1	美国	Alvin	3600	Ti-6Al-4V ELI	1973
2	美国	Sea Cliff	6100	Ti-6Al-2Nb-1Ta-0.8Mo	1982
3	法国	Nautile	6000	Ti-6Al-4V ELI	1984
4	日本	Shinkai6500	6500	Ti-6Al-4V ELI	1989
5	中国		7000	Ti-6Al-4V ELI	2007

中国首台自主设计、自主集成的载人潜水器"蛟龙"号于 2010 年 7 月完成 3759m 海试，2011 年 8 月 1 日，"蛟龙"号在深度 5180m 的位置正式开始海底作业，这个下潜深度意味着"蛟龙"号可以到达全球超过 70%的海底。"蛟龙"号设计深度为世界第一的 7000m，工作范围覆盖全球海洋区域的 99.8%。中国载人深潜计划目正稳步推进，深潜器是海洋技术开发的制高点，与载人航天工程类似，体现着一个国家的综合技术实力。此前，美、法、俄、日拥有世界上 6000m 级深海载人潜水器，活动范围遍及大陆坡、海山顶、火山口、洋脊以及洋底，在地球化学地球物理和海洋生物等方面取得了大量研究成果。

3.6.9.3 海洋工程领域应用情况

海洋约覆盖地球表面积的 70.8%，海洋资源和能源的利用和开发，备受各国关注。钛极耐海水腐蚀，因而，钛用于海洋工程各领域，也受到世界各国的普遍重视。

A 海水淡化

海水淡化是解决世界水危机的重要措施之一。据国际脱盐协会 IDA 统计，截至 2012 年，全球淡化厂超过 16000 个，已建成淡化厂装机容量 $7.48 \times 10^7 m^3/d$，合同装机容量

$8.02 \times 10^7 \mathrm{m}^3/\mathrm{d}$，基于各国官方数据统计和用水供需情况分析，全球淡化产能仍将保持快速增长。

RO（反渗透）、MSF（多级闪蒸）、MED（多效闪蒸）是主流淡化技术。RO 市场占有率最高，热法淡化技术（MED 和 MSF）装机规模稳步增长，且 MED 有赶超 MSF 的趋势。

中国经过 20 多年研发，海水淡化形成 MED 与 RO 并驾齐驱的格局，仅 20 世纪 80 年代大港电厂引进 2 套 MSF 装置，2000 年后建设的热法淡化厂均采用 MED 技术。

海水淡化的主要方法有：

（1）蒸发法。单级闪蒸法、多级闪蒸法，立式多效法、横式多效法、浸管法，蒸汽压缩法。

（2）隔膜法，电渗析法，逆浸透法。

（3）复合法。

其中，应用最多的是蒸发法，其次是逆浸透法，电渗析法用得较少。

日本国内主要使用的海水淡化法及其比例见表 3.17。

表 3.17 日本国内主要使用的海水淡化法及其比例

方 法	饮用水比例/%	工业用水比例/%
逆浸透法	42	56
电渗析法	37	18
蒸发法	21	26

a 海水淡化用钛管的技术条件

（1）钛管的壁厚：导热管壁厚由使用条件、管板材料、扩管作业的施工能力、管端的焊接技术等决定。由于导热管直径小，对强度要求不高，因此，实际使用中采用壁厚较薄的管材。一般钢合金管等壁厚为 0.5~1.2mm；用钛管代替，在腐蚀性小的地方，可用壁厚为 0.3mm 的薄壁焊管。

（2）钛管的导热性：由于导热管的材质不同，热导率也不同，如钛为 17W/(m·K)，铝黄铜为 100W/(m·K)，90/10 白铜为 47W/(m·K)，70/30 白铜为 29W/(m·K)。因此，可通过壁厚的变化控制导热管的导热效果。在以上材料中，钛的热导率最小，如使用薄壁钛焊管，导热性虽然比铝黄铜差，但与 90/10 白铜相当。

（3）钛管的经济性：钛管的单位质量价格比铜合金贵 2~6 倍，但从性价比上考虑，钛管价格可与铜合金管抗衡，由于钛的密度低，壁厚相同时，同等长度的钛管质量只是铜合金管的 50%，当钛管壁厚为钢合金管的 50%时，相同传热面积的钛管质量仅为铜合金管的 1/4，可见，钛管在价格方面是有竞争力的。

b 使用海水淡化钛制设备时应注意的事项

（1）除去钛中的间隙元素。钛制设备在 100℃以上海水中存有宏观裂纹时，容易发生间隙元素腐蚀，这种腐蚀不受海水浓度的影响。在 105℃含 4%NaCl 的海水中，可能产生间隙元素腐蚀。

（2）要使用薄壁钛管材。钛的热导率低，仅为铝黄铜的 1/6，一般钛管材壁厚为 0.3~0.7mm。

（3）钛制设备应避免与铁容器接触，因钛容易吸氢使钛材变脆。

B 海洋石油钻探

在海洋平台上，用钛制作闭式循环发动机的冷凝管和换热管、泵、阀、管件等。在深海钻采海底石油中，钛用于制作提升管、预应力管接头、夹具及配件等。

地球埋藏的石油有 30% 位于海底地壳中，储量大约 $1.3×10^{11}$ t，海底钻采石油有很大意义。

海洋平台分为两类，即底部固定支撑式平台和浮式平台。海底油田一般深 100m 左右。固定平台用得较多，但水深增加后从技术和经济上来说，浮动方式更有利。用钛替代钢作海洋平台的主要结构材料是不切实际的，但是在海洋平台上用钛管作闭式循环发动机的冷凝管和换热管、泵、阀、管件。在深海钻探中采用钛制海底石油提升管以及采油预应力管接头、夹具及配件等是可行的。

钛及合金在海上石油天然气勘探和开采中应用部位（件）见表 3.18。

表 3.18 钛及合金在海上石油天然气勘探和开采中应用部位（件）

类 别	部位/件	钛及合金
沿海油气田钻探及钻井平台	灭火系统、钻套、锚定系统管道、海水管道系统、立管及冷却系统等	工业纯钛： Gr. 1，Gr. 2
	应力接头和钻井立管	Ti-6Al-4V ELI
	增压管道	Ti-3Al-2.5V
	提升钻具装置	Ti-6Al-4V-Ru
	取样室、泥浆钻探	Ti-38644
	推器、水下安全阀门	Ti-3Al-2.5V

C 海洋热能转换工程

大型海洋热能转换电站（10~40MW），利用海洋能量。可利用的海洋能量有波浪、海流、潮汐、海洋温差及盐分浓度差等，正在开发对海洋温差发电的应用。海洋温差发电是利用热带海洋自然温差来产生有用的能量。因为它是利用取之不尽的太阳能来加热海水表面而获取电能，因此在这种能量的产生过程中不会有污染。海洋温差发电有两种方式：一种是把温海水闪蒸带动透平旋转的开式循环，另一种是用海水把氟氯烷或氨这样的低沸点介质蒸发及凝缩的闭式循环。

闭式循环由于采用了低沸点介质，可使压力差增大，把能量密度提高，因此海洋温差发电通常指闭式循环。使用接近海面的高温海水，把氨这样的低沸点工作流体由液体蒸发成气体再增压，利用这种压力使透平机旋转，然后，使用从深海采出的低温海水，驱动透平后的流体再回复成液体，用泵循环送至蒸发器中。

海洋热能转换采用朗肯（Rankine）循环，在该循环中，用海洋表面热水（80~90 ℉）来蒸发典型工作介质氨，被蒸发出来的气体氨驱动涡轮发电机，然后用从海底（1500~3000ft 深，1ft=12in=30.48cm）抽上来的温度较低的海水（40~50 ℉）对氨进行冷凝。产生的电能可并入海岸电网，或用于工厂船舶进行产品生产。

中太平洋的瑙鲁共和国采用温差发电，是世界上首个成功使用温差发电装置向电力系统输电的国家，最大输出功率达 120kW（有效电力 31.5kW）。这种海洋温差发电装置，采用沸点为 -40.8℃ 的氟氯烷 R-22（$CHCIF_2$）作为低沸点介质，用它来驱动透平机使发动机旋转，其蒸发器及凝缩器的传热管均采用了钛。

此外，在地热能源方面也在研究利用钛。因为材料的工作环境是含有硫化气体和氯化物的蒸气或高温水，这样的能源领域与钛有非常密切的关系。在这个领域中可充分利用钛对海水、含硫气体、氯化物等优异的耐蚀性及高比强度等优点。

D　海水系统

随着钛质压舱水管道的成功使用，钛还被应用在其他类型的海水系统中，例如消防水、冷却水和洒水灭火系统。在这些系统中，钛的中等尺寸部件可与不锈钢相竞争，其较大尺寸部件可与石墨增强的塑料（GRP）和复合材料相比。工件直径不超过 203.2mm 时，使用钛是最经济的选择，更大直径的工件应优先选择复合材料。

钛在海水系统中应用，主要是因为钛管具有耐腐蚀和可以冷弯的性能，与传统制造方法比较，冷成型成本低。较大的钛工件，可以铸造，从几克到 2750kg 的铸件均可铸造出来，如消防水系统的大量控制阀和集水阀等。目前国内海洋工程用钛及钛合金牌号见表 3.19。图 3.15 所示为 2002~2012 年中国在海洋工程领域的用钛量。

表 3.19　目前国内海洋工程用钛及钛合金牌号

序号	牌号	用　途	产品类别
1	TA1、TA2（Gr. 1、Gr. 2）	通海管路、阀及附件；热交换器及海水淡化装置；板式换热器；声学装置及换能零件；管式换热器、贯穿管接头、海水入口/出口管接头等	板材、管材、棒材
2	TC4（Gr. 5）	油气平台支柱、钻井立管、绳索支架、海水循环加压系统的高压泵、提升管及联结器、紧固件、海底管道；船舶螺旋桨及桨轴、发动机零件、系泊装置及发射装置等	板材、管材、棒材、锻件
3	Ti80、TA5-A	船舶烟囱、桅杆；深潜器耐压壳体等	板材、棒材
4	Ti31	船舶、海洋装备、核工业、化工部门的常温高压、高温高压环境；热交换器、冷凝器、阀门、泵体和管路及其附件等	板材、管材、棒材
5	TA10（Gr. 12）	管式换热器、临时管道与电缆、横梁、立管、输送管线	管材、棒材
6	TC10	石油钻井勘探、开采等领域	棒材
7	TC21	舰艇及石油钻井勘探、开采等领域均可用于制作各种承力结构部件	棒材

据机构预测：未来，全球海洋工程市场规模达 3000 亿美元以上。中国水深在 300m 以上的海域有 153 万平方米，目前只勘探了 16 万平方米，有 90% 还有待勘探，对低成本、高品质钛产品有大量需求。在未来海洋工程装备制造企业、钛材生产加工企业将获得众多的商机和发展空间。

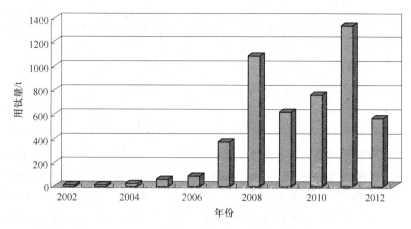

图 3.15 2002~2012 年中国在海洋工程领域的用钛量

3.6.10 汽车行业应用情况

目前，汽车中使用的金属材料主要有钢材、铝及铝合金材、镁及镁合金材等，但由于铝和不锈钢在近 200℃ 就失去了原有的力学性能，而钛合金在 500℃ 左右仍能保持良好的力学性能。在汽车用轻质金属材料中，钛的强度远高于其他材料，而钛合金可以达到与合金钢相当的高强度，因此一直受到汽车工业的极大关注。特别是在一些恶劣的工作环境下，钛合金具有优异的耐蚀性能，可以满足其使用要求。钛合金将是替代钢铁的轻量化和高性能的材料，尤其是在汽车材料向轻量化、节能、环保方向发展的今天，钛无疑是最具有潜质的汽车用材料。

钛材用作多种汽车零部件，其主要优势在于：

（1）密度低。不仅可以减轻整车重量，对高速的运动部件，可减小运动惯量。

（2）比强度高。在各种金属材料中，钛的比强度几乎是最高的，可做承重件。

（3）弹性模量小。仅为钢的 50%，且疲劳强度大，适合做弹簧。

（4）耐热性好。可在 200~650℃ 下长时间工作，适合做高温部件。

（5）热膨胀系数小。是不锈钢、铝材的 50%，适合做发动机气门等部件。

（6）耐蚀性好。优于铝、镁及不锈钢，可抗大气、雨水、防冻路面湿气及含硫化氢高温废气的腐蚀，适合做尾喷管等工况环境较恶劣的部件。

（7）抗冻性好。在零下 100℃ 的环境中，也不会产生低温脆性。

（8）成型性好：可通过冲压、热锻、粉末冶金、精密铸造等方法制备各种形状的零部件。

（9）装饰性好。通过氧化处理，可形成色彩鲜艳的各种装饰材料。

汽车用钛的优点在于：减轻质量，降低燃料消耗；改善动力传输效果，降低噪声；减少震动，减轻部件载荷；提高车的持久性及保护环境。

其缺点在于：一般情况下，汽车所使用的钛的耐磨性不好、弹性低于钢材，难以进行机械加工。而真正妨碍钛在汽车上应用的因素是钛的高成本，这是由钛的原材料、熔炼、加工工艺的复杂性决定的。汽车用主要金属材料的成本对比见表 3.20。

表 3.20　汽车用主要金属材料的成本对比　　　　　　（美元/磅）

原材料形态	钢	铝	镁	钛
矿石	0.02	0.10	0.01	0.30
粗锭	0.10	0.68	0.54	2.00
锭子	0.15	0.70	0.60	4.50
板材	0.30~0.60	1.00~5.00	4.00~9.00	8.00~50.00

　　由于钛是一种质轻高强、耐蚀性好、高低温宽适应范围、高弹性等性能优良的材料，应用于汽车上可起到减重、节能、减震、降噪、减污、延寿，提高汽车安全性和舒适度的综合作用，是实现汽车轻量化的理想材料。早在 20 多年前，赛车发动机就使用钛阀和连杆以减轻质量，从而降低转矩和功率输出，改善了有关部件偏转等性能，同时可通过加入铌和硅提高抗氧化性、抗蠕变性，在 500℃ 左右的条件下强度高于常用合金，在意大利的法拉利超级汽车上 V12 发动机采用了钛合金制的发动机连杆，使其助推速度在 3.9s 内可达 62km/h。排气系统使用钛，可避免路盐和含硫的排放废气的腐蚀，而重量只有传统材料的 60%，同时改善并加快了加速能力和较短的制动距离。目前公认的汽车中可用钛替代的零部件主要有：弹簧、连杆、气门、气门座、摇臂、排气管、消音器、门镜框、前挡板、后挡板、车门、门侧盖、紧固件、挂耳螺帽、车轮等，图 3.16 所示为汽车用钛部件分布图，图 3.17 所示为钛合金排气管。

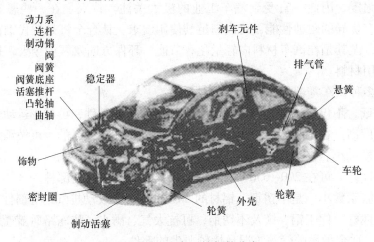

图 3.16　汽车用钛部件分布

　　研究表明，钛及钛合金的应用有利于减轻汽车质量，降低摩擦损失和空气阻力，改善发动机燃烧状态，提高性能，从而节油 2%~3%，降低噪声 5%~10%。目前汽车零件中已被认定可用钛替代铁基零件的主要有：发动机中的吸气连杆、轴、阀弹簧、挡圈等；排放系统中的吸气阀和排气阀等，这些零件比传统铁基零件减轻质量 30%~70%。现在钛零件在汽车上的应用领域正日益扩大，可见，汽车用钛是一个非常具有吸引力的潜在的庞大市场。

　　美国、欧洲、日本都已制定了未来汽车的发展规划。美国自 1993 年开始制定并实施"PNGV（Partnership for a New Generation of Vehicles）计划"，美国众多名牌大学、科研机

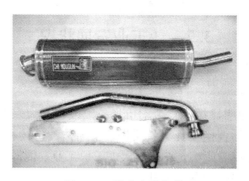

图 3.17 钛合金排气管

构乃至用于军事、航天的若干实验部门会同美国的三大汽车公司（克莱勒斯、福特、通用）结成联盟，大力加强新一代汽车的研究。计划对未来汽车在燃料利用率、承载能力、维修性和再利用性等方面提出新的要求，明确提出了在未来 20 年内，家用汽车要减重40%的减重目标。毫无疑问，钛材是作为实现 PNGV 计划中超轻汽车的发动机、底盘、车体的候选材料之一。钛制汽车应用部件见表 3.21。

表 3.21 钛制汽车应用部件

年份	部件名称	材　料	制造商	车种及部件
1992	连接杆	Ti-2Al-2V-RE	本田	Acura NSX
1994	连接杆	Ti-6Al-4V	法拉利	12 气缸
1996	轮圈螺栓	Ti-6Al-4V	Polsh	体育车的任选轮
1998	刹车制动销	2 级	奔驰	S-级
1998	油缸密封圈	1s 级	大众	全部
1998	齿轮转换装置手柄	1 级	本田	S 2000 Roudster
1999	连接杆	Ti-6Al-4V	Polsh	CT3
1999	阀类	Ti-6Al-4V 及 PM-Ti	丰田	Altexza
1999	涡轮增压器转子	Ti-6Al-4V	奔驰	卡车柴油机
2000	悬簧	Timctal LCB	大众	Lupo FSI
2000	轮圈螺栓	Ti-6Al-4V	宝马	M-Techn. 配件
2000	阀簧固定器	β-Ti	三菱	1.8l 6 气缸
2000	涡轮增压器转子	γ-TiAl	三菱	Lancer
2001	排气系统	2 级	通用	Corvette Z06
2001	轮圈螺栓	Ti-6Al-4V	大众	体育包装 GT1
2002	阀类	Ti-6Al-4V 及 PM-Ti	尼桑	Infiniti Q45
2003	悬簧	Timetal LCB	法拉利	360 Stradale

注：中国钛业协会有关资料。

　　类似的计划还有欧洲的"明日汽车计划"、日本的"高效清洁能源汽车开发计划"，我国政府也有相应的汽车行业振兴规划，这些都为钛在汽车行业的应用提供了光明的前景。

3.7 钛工业发展状况

3.7.1 世界钛工业概述

2017 年世界经济增速明显提升，劳动市场持续改善，大宗商品价格有所上涨，国际贸易增速提高。同时，国际直接投资增长缓慢，全球债务持续积累，金融市场出现泡沫。世界钛工业受全球经济企稳的影响，航空航天、一般工业、能源和石化等领域的钛需求开始回升，导致世界钛工业的产量有所上升。

2017 年，美、日、俄三国钛工业受世界经济增速的影响，钛加工材在航空航天及一般工业领域的需求量开始回升，俄罗斯钛加工材的产量达到 2.6 万吨。

3.7.2 中国钛工业发展现状

3.7.2.1 钛工业经济运行情况概述

A 产能

2017 年中国海绵钛的产能比 2016 年增长了 5.7%，达到 9.3 万吨，国内七家海绵钛生产企业的产能与前一年相当，只有洛阳双瑞和朝阳百盛两家海绵钛生产企业的产能有所增加，目前国内前五家全流程海绵钛生产企业的产能利用率达到 90% 以上，国内海绵钛行业的整体开工率达 80% 以上。根据 30 家钛锭生产企业的统计，2017 年国内钛锭的产能比 2016 年增长了 8.7%，达到 14.67 万吨，其原因主要由于近两年国内高端钛材生产企业更换了新型熔炼设备。

B 产量

a 钛精矿

根据攀枝花钒钛产业协会的统计，2017 年中国共生产钛精矿大约 380 万吨，其中攀西地区的产量为 260 万吨，同比增长 8.8%，其产量占国内总产量的 68.5%；进口钛精矿 330 万吨，同比大幅增长了 29.5%。

b 海绵钛

2017 年，中国有 9 家企业共生产了 72922t 海绵钛，比 2016 年（67077t）的产量增长了 8.7%，连续第三年增长。2017 年全国海绵钛的产量及所占比例见表 3.22。

表 3.22 2017 年全国海绵钛的产量及所占比例

企业名称	产量/t	比例/%
攀钢钛业	15930	21.8
朝阳百盛	12000	16.5
洛阳双瑞万基	12016	16.5
贵州遵钛	9000	12.3
朝阳金达	8778	12.1

企业名称	产量/t	比例/%
宝钛华神	7242	9.9
鞍山海量	4000	5.5
云南新立钛业	3200	4.4
锦州铁合金	756	1.0

c 钛锭

根据30家企业的统计，2017年中国共生产71022t钛锭，比2016年同比增长了6.80%，除去新增的三家钛熔炼企业的产量，实际同比增长了4.28%。2017年我国主要钛锭生产企业的产量见表3.23。

表 3.23 2017 年我国主要钛锭生产企业的产量

厂　　家	产量/t	厂　　家	产量/t
1	13200	16	1300
2	5000	17	1200
3	5000	18	1200
4	4500	19	1150
5	4246	20	1100
6	4020	21	1000
7	4015	22	800
8	3800	23	650
9	3532	24	649
10	3000	25	600
11	2265	26	600
12	2000	27	500
13	1500	28	445
14	1500	29	400
15	1500	30	350

d 钛加工材

根据国内主要钛材30家生产企业的统计，2017年中国共生产钛加工材55404t，同比增长12.0%，2017年全国钛生产企业生产、经营情况统计见表3.24。

表 3.24 2017 年全国钛生产企业生产、经营情况统计

厂家 \ 材料名称	钛加工材/t							
	板材	棒材	管材	锻件	丝材	铸件	其他	合计
1	6367	2584	749	278	51	133	139	10301
2	3161	670	1280					5111
3	4511	17		51		7	2	4588
4	2825	186	583	139	1			3734
5	2646	331	216	96	63		266	3618
6		1500		1200			500	3200
7	2444	3		337	50		184	3018
8	2500							2500
9	2227		205			52		2484
10		1925		375	10			2310
11	380	600	1100	220				2300
12	950	320	110	850	15		35	2280
13	1200				100			1300
14			1000					1000
15			1000					1000
16		650		260			35	945
17			750					750
18	600							600
19			596					596
20			420	100				520
21			500					500
22		400			100			500
23	225	45	95	45	20	15	5	450
24	450							450
25		247		132				379
26	45	260			45			350
27					265		45	310
28						150		150
29		100						100
30						60		60

3.7.2.2 产业结构

近三年来中国各类钛材所占的比例及产量的变化见表 3.25。

表 3.25 近三年来中国各类钛材所占比例及产量的变化

年份	产量及比例	板	棒	管	锻件	丝	铸件	其他	合计
2015	产量/t	22746	10847	6399	4248	444	1632	2330	48646
	比例/%	46.8	22.3	13.2	8.7	0.9	3.3	4.8	100
2016	产量/t	26914	11128	6856	2999	234	699	653	49483
	比例/%	54.4	22.5	13.8	6.1	0.5	1.4	1.3	100
2017	产量/t	30531	9838	8604	4083	720	417	1211	55404
	比例/%	55.1	17.8	15.5	7.4	1.3	0.7	2.2	100
2017/2016 增率/%		13.4	-11.6	25.5	36.1	207.7	-40.3	85.5	12.0

在钛产品结构方面，从表中统计数据可以看出，2017 年钛及钛合金板的产量同比增加了 13.4%，占到当年钛材总产量的 55.1%，其中钛带卷的产量占到了一半以上；棒材的产量同比下降了 11.6%，约占全年钛材产量的 17.8%；管材的产量同比增长了 25.5%，占到全年钛材产量的 15.5%；除铸件和棒材外，其余的锻件、丝材和其他产品的产量合计均同比大幅增长。

在产业分布方面，海绵钛主要生产分布在辽宁地区，五家企业的产量占到全国生产总量的将近一半（44.9%）；钛及钛合金棒材生产主要集中在陕西，主要三家生产企业的产量占总量的 61.0%；钛及钛合金锭生产主要集中在陕西，十一家主要生产企业的产量占全国产量的 40% 左右；陕西三家主要钛板材生产企业的产量也占到全国 34.6%，钛管的生产主要集中在长三角地区，主要五家生产企业的产量占全年总量的 34.2%，综上所述，除钛棒材以外，主要钛生产品种钛及钛合金锭、钛管和钛板的产量分布均有逐步分散的迹象。

3.7.2.3 市场分析

A 销售量

2017 年，中国海绵钛的总销售量为 72922t，净出口为负 1944t，国内销售量为 74866t，同比增长了 9.3%。

2017 年，中国钛材的总销售量为 55130t，净出口量为 8385t，国内销售量为 46745t，同比大幅增长了 28.4%。

B 需求分配

2017 年，全国主要钛加工材企业在不同领域的销售量见表 3.26，近三年中国钛加工材在不同领域的应用量对比见表 3.27。

表 3.26   2017 年全国主要钛加工材企业在不同应用领域的销售量 （t）

企业	总量	化工	航空航天	船舶	冶金	电力	医疗	制盐	海洋工程	体育休闲	其他
1	10417	3197	3356	247	402	1704	206	334	719	158	94
2	4945	1320	905	300	200	1120		100	200	200	600
3	4314	3667	47	30		397	4		17		152
4	4225	1557	21	464	340	1035	65	168	295	151	129
5	3734	3008	393	300						33	
6	3200	500	1300	150	50		50	50	100	300	700
7	3100	1130	20			1000	50		400	500	
8	2730	1300	15	124		331				110	850
9	2427	311	1262	49			776				29
10	2500	750	250	150	150			150	50	800	200
11	1810	1000	100	200			50	200		70	190
12	1784	665	320	26	48	500	35	80	25	85	
13	1300	750	50	50	100	150	200				
14	1000	500				400				100	
15	1000	1000									
16	925	500	150	50	50		50		50		75
17	750	500			50	50		50		50	
18	600	500	50								50
19	596	360						100		50	86
20	520	210		110			60	50	90		
21	500	300	50	50					50	50	
22	500	200	100	50			150				
23	450	200	50	50				50	50		
24	404	58	3				343				
25	400	360	2	10	3	5	10	10			
26	379		259								120
27	310	5	73	42			76		49	65	
28	150		150								
29	100	100									
30	60		60								
合计	55130	23948	8986	2452	1393	6692	2125	1342	2145	2772	3275

表 3.27 近三年中国钛加工材在不同领域的应用量对比

年份	产量及占比	化工	航空航天	船舶	冶金	电力	医药	制盐	海洋工程	体育休闲	其他
2015	产量/t	19486	6862	1279	2168	5537	884	1715	541	2031	3214
	占比/%	44.6	15.7	2.9	5.0	12.7	2.0	3.9	1.2	4.6	7.4
2016	产量/t	18553	8519	1296	1604	5590	1834	1175	1512	2090	1983
	占比/%	42.0	19.3	2.9	3.6	12.7	4.2	2.7	3.4	4.7	4.5
2017	产量/t	23948	8986	2452	1393	6692	2125	1342	2145	2772	3275
	占比/%	43.4	16.3	4.4	2.5	12.1	3.9	2.4	4.0	5.0	6.0

C 进出口贸易

2017 年中国金属钛的进、出口统计见表 3.28，近三年来钛产品的进、出口数量变化见表 3.29。

表 3.28 2017 年中国金属钛的进、出口统计

商品名称	进 口		出 口	
	进口数量/t	进口金额/万元	出口数量/t	出口金额/万元
钛矿砂及其精矿	3065127	55144	22133	1595
钛白粉	214968	57652	829914	198346
海绵钛	3844	2654	1900	1027
其他未锻轧钛	178	875	162	282
钛粉末	69	376	180	383
钛废碎料	406	56	0	0
钛条、杆、型材及异型材	1085	5487	5417	9220
钛丝	107	722	556	1763
厚度≤0.8mm 的钛板、片、带、箔	2183	3641	261	576
厚度>0.8mm 的钛板、片、带	1151	4169	4379	8385
钛管	2126	4581	1955	4524
其他锻轧钛及钛制品	573	24686	3042	6690
钛材合计	7225		15610	

表 3.29　近三年来钛产品的进、出口数量变化

年份	海绵钛/t			钛加工材/t		
	进口量	出口量	净出口量	进口量	出口量	净出口量
2015	82	3550	3468	5547	11848	6301
2016	3182	1760	−1422	5943	13705	7762
2017	3844	1900	−1944	7225	15610	8385

3.7.2.4　中国钛工业经济运行状况分析

2017 年，我国经济供给侧结构性改革进一步深化。中国钛行业经受住了市场的大幅震荡波动以及国家及省市的环保压力，在国家军民融合、工业 4.0 和"一带一路"等相关政策指导下，在各部委提质增效、创新驱动、转型发展等一系列政策措施的推动下，我国钛产业开始逐渐走出低谷，进入新一轮上升通道。并且呈现出一些与以往不同的发展特点，整个产业正向着诸多利好的方面发展。

A　产业结构调整情况分析

经过前几年的市场消化和吸收，2017 年我国钛工业已逐渐摆脱去库存的压力，行业结构性调整初见成效。由过去的中低端需求以及钛产品的结构性过剩，逐步转向中高端需求，产业结构逐步转向航空航天、舰船和高端化工等领域。钛冶炼企业维持现状，钛加工中小企业间逐步拉大差距。

2017 年，随着钛白市场好转，各地原料生产的环保压力，以及钛精矿的需求紧缺，导致国内钛原料价格连续上涨，从而也带动了海绵钛和钛材价格的触底反弹，到 2017 年 6 月，1 级海绵钛的价格比上一年初上涨了 20% 左右。

2017 年，在结构性调整过程中，中国海绵钛产能比 2016 年增长了 5.7%，但在上半年原料价格上涨和高端需求增长的带动下，海绵钛的产量同比增长了 8.7%，达到 72922t。2017 年，由于部分企业的产能扩张，中国钛锭的产能比 2016 年增长了 8.7%，在市场需求拉动下，钛锭的产量也同比增长了 6.8%。

2017 年，在船舶、海洋工程、体育休闲、高端化工（石化、环保等）、军工等行业需求拉动下，中国钛加工材的产量同比增长了 12.0%，达 55404t，钛行业逐渐走出低谷。2017 年，以国内前十家主要钛材生产企业为例，钛材销量占总量的 77.1%，比上一年有所提高，产业集中度逐步提高。

在钛加工材方面，2018 年也将有几家钛加工企业新上高端的钛合金快锻、精锻和热轧等设备，同样也主要是瞄准航空航天、医疗和海洋工程等高端市场需求。

B　经营形势分析

2017 年，中国钛行业在高端化工、航空航天、船舶和电力等行业需求牵引下，钛市场量价齐升，呈现了近几年少见的市场行情，尤其是钛原料的价格，比 2017 年增长了 30%以上。

在进出口贸易方面，2017 年海绵钛的进口量增长了 20.8%（3844t），出口量也同比增长了 8%，这也反映出国内因高端需求增长，对国外高端海绵钛的需求出现爆发式增长。

2017 年我国钛加工材进出口量均有一定的增长。在进口方面，主要是核电和板换等高端领域用钛带和航空用钛板的进口量大幅增长（80%左右），这也反映出国产钛材在上述高端领域的质量还难以满足国内需求，而钛焊管的进口量则由于近两年我国钛加工企业的产品质量提升，部分替代了电站用进口焊管，进口量减少了 20.3%；在出口方面，除钛管的出口量减少了 376t（16.1%）外，其他品种钛丝、钛带、钛板和钛制品的出口量均比上一年有一定的增长，这也反映出上述钛产品品种的质量在国际市场上已具有一定的性价比优势。

综上所述，通过 2017 年国内钛的进出口分析可以看出，目前国内高端需求用海绵钛、钛带的品质与国外相比还有一定的差距，而通过近几年的生产实践，国内生产企业在钛焊管、钛丝和钛制品的性价比方面，已逐渐在国际市场上占据一席之地。

C 市场供需及消费情况分析

在钛材消费领域，除冶金行业外，2017 年中国钛加工材在主要消费领域的用钛量均呈现出不同程度的增加，尤其在航空航天、船舶、电力和海洋工程等高端领域，延续了 2016 年的走势，均有一定幅度的增长。从总量上来看，舰船领域的增长幅度最大，增加了 1106t，其次是电力（952t）、体育休闲（682t）和航空航天（567t）。这也反映出国家的产业发展方向，以及我国钛加工材在高端领域的发展趋势。而船舶领域的异军突起，说明我国钛加工材在该领域的需求开始爆发，但在制定标准和材料体系等方面还有待进一步完善。

2017 年，我国在航空航天、医药、船舶和海洋工程高端领域的钛加工材需求比例虽与 2016 年基本相当，但总量同比均有一定的增长（2394t），预计未来 3~5 年内，上述高端领域的需求将呈现出加速增长的态势。

4 国外钛工业发展状况

4.1 世界钛工业的发展

世界钛工业的发展可分为两个阶段：第一阶段的主流开始于 20 世纪 50 年代，一直持续到 80 年代中期的技术进步。1985 年发表的综述性文章中，对这一阶段的情况有所介绍。第二阶段（目前仍在继续）的特征是过渡到钛的工业生产，虽然技术仍很重要，但是经济成为主导因素。

1983~1990 年，世界海绵钛的总产量几乎是稳定增长的，美国海绵钛产量及占产能的比率见表 4.1。仅在 1987 年有 10% 的波动。传统上，钛市场"上下起伏"的原因是钛市场对宇宙航天工业太过依赖，特别是对军工市场的依赖。以美国为例，从表 4.1 中可以看出，海绵钛实际产量占总产能的比例在 41.6%~86.9% 之间波动。

表 4.1 美国海绵钛产量及占产能的比率

年份	1983	1984	1985	1986	1987	1988	1989	1990
产量/t	12600	22000	21000	15800	17900	22300	25200	25000
占产能的比例/%	41.6	72.7	71.5	57.0	70.4	84.6	86.9	81.2

1990 年、1995 年海绵钛产量见表 4.2，世界海绵钛的总产量锐减 25%，主要原因是较低的需求使美国和苏联（独联体）减少了国防预算，从而导致了 RMI 海绵钛厂和 Deeside 钛厂（英国）的关闭。在美国，由于 RMI 的关闭所造成的产量下降，在 TIMET 公司在内华达州的亨德森（Henderson）新建的海绵钛厂（生产能力约为 50kt/a）投产后很快得到部分恢复。应当指出的是，表 4.1 和表 4.2 中，1990 年的海绵钛产量有很大的不同，事实上，真正的原因是在独联体成立之后，真实产量数据才得以公开。在苏联时期，苏联的产量数据是根据西方专家估计得出的。实际结果证明，表 4.1 中的估计数据太低。这一解释由过去 10 年间三个独联体国家、日本和北美的实际海绵钛生产数据所证实，海绵钛生产量如图 4.1 所示。可以看出，表 4.2 中，苏联 1990 年的产量是正确的，在那个时期，苏联实际的海绵钛产量接近其产能的 100%。在 1994 年的低谷之后（见图 4.1），世界范围内海绵钛产量的增加主要是商用飞机销售量增长的结果。

表 4.2 1990 年、1995 年海绵钛生产量　　　　　　　　　　（t）

年份	美国	日本	英国	苏联（独联体）	中国	总数
1990	30000	29000	5000	91000	2700	157700
1995	15000	26000	—	73000	2700	116700

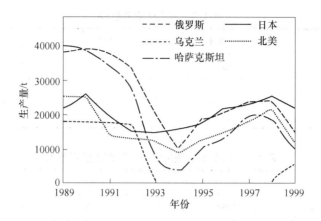

图 4.1 1989~1999 年海绵钛生产量

（资料来源：《材料每月公告》2000 年 3 月号）

图 4.2 所示为 1959~1998 年海绵钛价格的变化情况，从图中可以看出，多年来，海绵钛价格的变化也是"上下起伏"波动的，其原因还是取决于航空航天市场的需求变化。1977~1981 年，商用飞机订单迅速增多，引起海绵钛价格升高，而随后的 1982~1984 年，飞机销量猛跌，海绵钛价格降低。1985~1995 年，海绵钛价格波动较小，也反映出商用飞机销售的情况。

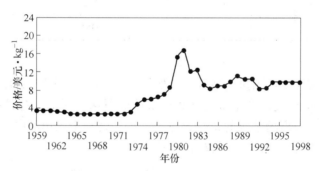

图 4.2 1959~1998 年海绵钛的价格变化情况

Ti-6Al-4V 的熔炼及后续加工所增加的成本可粗略估算如下：海绵钛的初始价格是 10 美元/kg，二次熔炼铸锭后，成本增加 4 美元/kg。我们也可以单凭经验粗略地估计每一个后续加工步骤都使成本翻番，结果，轧制阶段后的价格大致是 28 美元/kg，而成品的价格是 56 美元/kg。

为了减少钛工业的这种周期性变化，人们进行了大量工作来开发钛在其他非航空航天领域的应用。苏联的情况也是如此，这可从戈里林（Gorynin）在圣地亚哥世界钛业大会所作的报告中得到佐证，苏联钛消费份额见表 4.3，表中是其引用的部分数据。1995 年，Yamada 给出了日本国内纯钛轧制品使用情况见表 4.4。从表中可以看出，1988~1994 年，市政工程和生活消费品的纯钛轧制品使用量迅速增加。应当指出的是，在日本，纯钛的轧制品占到近 90%，而合金级产品则为 10%。

表 4.3　苏联钛消费份额　　　　　　　　　　　　　　　　（%）

领　域	1967 年前	1970 年代	1990 年代
军事工业	95	60	45
化学工业和重工业	——	28	20
国内工业	5	12	35

表 4.4　日本国内使用的纯钛轧制品使用情况　　　　　　　　　　（t）

领　域	1988 年	1991 年	1994 年
化学工业	1399	1338	1261
能源工业	611	957	754
航空航天工业	19	23	9
市政工程	21	141	320
汽车工业	0	14	6
生活消费品	0	187	456
医用	0	9	4
其他	1011	712	963
总计	3061	3381	3773

　　在主要的航空航天工业国家或地区，例如北美或欧洲，使用纯钛和钛合金之间的比率是不同的，这从 1998 年美国合金市场分布近似图如图 4.3 所示，与日本形成鲜明对比的是：在美国，纯钛仅占市场总额的 26%，在 74% 的钛合金市场份额中，56% 的市场为 α+β 合金 Ti-6Al-4V，而所有 β 合金总量仅占 4% 的市场份额。

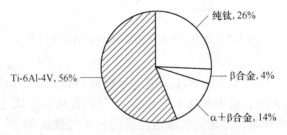

图 4.3　1998 年美国合金市场分布近似图

　　1990 年和 1994 年，美国钛轧制品的市场情况见表 4.5，从表中可以看出，在此期间，非航空航天产品的份额仅下降了 12%，而航空航天领域产品份额的下降要高得多。这表明，近年来，钛制品在非航空航天的其他重要领域的用量相对增加了，这与前面提到的世界钛工业第二阶段的发展相吻合，即经济对钛在非航空航天领域的应用有较大的影响，图 4.4 所示为美国轧制品市场份额。钛产品市场的变化，有利于通过多元化的产品稳定市场，减少对众所周知的周期性的航空航天工业的依赖。

表4.5 美国钛轧制品的市场情况

领 域	1990 年用钛量/t	1994 年用钛量/t	变化/%
军事航天	6500	3200	−51
民用航空	12000	7700	−36
非航空领域	5400	4800	−12
总量	23900	15700	−35

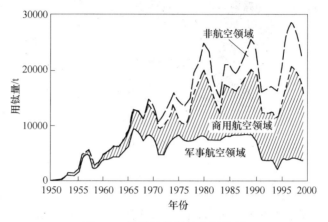

图4.4 美国钛轧制品市场份额

钛合金有两个典型的应用领域：飞机机身和飞机引擎。1955~2000 年，波音飞机机身使用钛量的增长情况见图4.5。波音 777 的机身质量约 10%是钛，并且它是第一架 β 钛合金的质量超过了传统的 Ti-6Al-4V 合金质量的商用飞机，这主要是因为飞机的大部分起落装置是由高强度 β 钛合金 Ti-10-2-3 制成的。相比之下，空中客车飞机家族中钛的使用量介于 4%~5%之间，并且几乎没有 β 型合金。

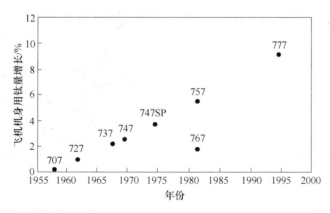

图4.5 1955~2000 年波音飞机机身钛使用钛量增长情况

在现代飞机发动机中，钛占总质量约 25%，钛主要用于制造风扇圆盘和压缩机的压气机叶片，两者的工作温度高达约 500℃。钛在波音 777 飞机的 GE-90 航空发动机上的应用如图4.6 所示，通常由 Ti-6Al-4V 合金制作的大型风扇叶片由聚合物复合叶片取代，该发动机仍使用了大量的钛部件。MTU（戴姆勒克莱斯勒）在叶片环技术领域取得了最新进展，其方法是用线性摩擦焊接技术使涡轮盘上系上叶片。这使得材料的利用更加有效，从而使叶片环技术在经济上具有吸引力。此外，当需要在服役期内修复其损坏时，线性摩擦焊接也可用于更换涡轮上的单个叶片。

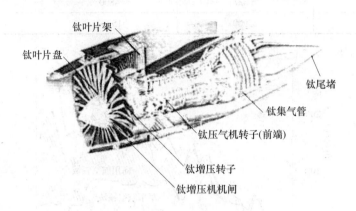

图 4.6　钛在 GE-90 航空发动机上的应用

　　钛在传统的化学工业和能源工业领域，主要用作耐蚀材料，最近几年，钛在海上建筑物的应用变得更加普遍。图 4.7 所示为钛合金钻探冒口连接的一个例子。钛能在海上应用的主要吸引力是它的高强度，低密度，低模量（高弹性），抗海水、钻探泥浆、传输液体腐蚀，在海水中抗疲劳。由于高强度和高抗疲劳的要求，目前，Ti-6Al-4V 合金已取代了纯钛。

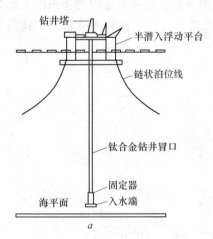

图 4.7　钛合金钻探冒口
a—示意图；b—冒口连接（RMI 友情提供）

　　除以上领域，作为一个新兴市场，钛在建筑业也获得应用，如作为外墙和屋顶材料。在日本，用纯钛作为建筑材料已经变得非常流行，例如，建于 1993 年的福冈圆顶（Fukuoka Dome），采用钛材屋顶，能自如伸缩，满足多功能、全天候的要求（能自如伸缩的钛屋顶——福冈圆顶如图 4.8 所示）。这些建筑项目每一项都使用大量纯钛，这也是日本民用工程上钛用量增加的原因。

图 4.8 能自如伸缩的钛屋顶——福冈圆顶

（神户制钢有限公司 Y. Kubota 友情提供）

另一个使用钛越来越多的"新领域"是消费品领域，如眼镜框、照相机、手表、珠宝和各种体育用品。体育用品市场中应用最多的是高尔夫球杆头，此外，还有网球拍、自行车架、田径选手跑鞋的鞋钉等。英国罗利实业有限公司协同汽车工业协会钛分会在自行车配件上做了很大的改进，目前 β 合金 Ti-15-3 正被用于山地自行车的把手和坐垫杆，作为自行车的把手，其先进性体现在使用了低弹性模量的 β 钛合金。

钛制高尔夫球杆头的优点已广为人知，1997 年，约 4500t 的 Ti-6Al-4V 合金被用于铸造高尔夫球杆头，如图 4.9 所示。钛合金高强度和低密度的特点，使其能制作更大的球杆头，这种球杆头能在保持杆头速度的同时使击球面积更大。

图 4.9 铸造的 Ti-6Al-4V 高尔夫球杆头

（Howmet，N. E. Paton 提供）

另一个更确定的钛应用领域是生物医学领域。过去纯钛和 Ti-6Al-4V 主要被用作植入材料。由于质疑钒对人体的危害，开发了 Ti-6Al-7Nb 和 Ti-5Al-2.5Fe 等不含钒的钛合金。近年来，尝试用无毒的元素，如铌、钽、锆和钼作为合金添加剂来开发 β 钛合金，这些 β

合金与传统的 Ti-6Al-4V 合金相比，其优势在于较高的疲劳强度，较低的弹性模量，且改善了生物相容性。

钛应用的另一巨大的潜在领域是汽车工业。由于成本的敏感性，这一领域也极具挑战性，可使用钛材的一些部件已被确认，如发动机中的阀门、阀门弹簧、连杆，车身上的悬挂弹簧、螺栓、紧固件及排气系统。多年来，钛已用于一些高性能车辆，如 F1 方程式赛车或越野赛车、卡车，但在家用汽车中应用，应解决钛部件的低成本问题。这里的成本包括原料成本和配件的制造费用。能否成功地把钛引入家用轿车将取决于这些要件成本是否显著降低，例如，当今仅是海绵钛的价格就已接近汽车工业愿意支付的成型钛部件的最高价格了。只有全新的观念，或许从现有的从钛铁矿提取 TiO_2 工艺开始革新，或许从现有的 $TiCl_4$ 生产工艺开始创新，或许彻底放弃这种 $TiCl_4$ 生产路径，才有可能解决这一具有挑战性的问题，当然，高燃油经济的政策改变也能创造出一个虽价格昂贵但更轻质材料（比如钛）的汽车市场。

从 2004 年末或 2005 年初开始，钛的供应成为限制其消费的一个因素。钛的需求历史上从来都是繁荣与萧条交替循环的状况，主要是因为钛最大的用户为航空航天部门。这个强烈相互依赖的关系把钛产业的命运与航空航天产业的命运紧密联系在一起。在过去几十年间，商务飞机用钛量占钛的总使用量的百分比，相对于军工使用量是持续增长的。与此同时，在军事和商用飞机中为加强结构强度而添加的聚合物基碳纤维强化复合材料占飞机自重的百分比大量增加，例如，波音 787 使用比迄今所生产的任何商用飞机更多的复合物主结构材料。乍看起来，这似乎会使钛合金使用减少，但事实上，聚合物大量取代的是铝合金，再者，铝合金和碳纤维聚合物复合材料在电化学上是不兼容的，假如把它们放在一起就会造成电耦合现象，因此，用钛来阻断这种接触，结果钛在波音 787 上的使用百分比也是有史以来所有商用飞机中最高的（约 20%）。

钛合金一个新兴的用途是用作装甲，主要用于军用车辆，但并非只用于军工车辆，很明显，钛具有良好的弹道性能。用钛作为装甲的讨论已经有相当一段时间了，但价格一直是主要障碍。世界冲突性质的改变迫切需要有更强的移动作战能力，结果，装甲车的重量引起前所未有的重视，因为现在运送它们必须通过空运，针对这一新的要求，已经开始研究使用新的熔融技术来生产成本更低的铠装级材料，其他用作装甲的特殊合金也正在研制中，很显然，如果任何新的、低成本钛生产方法实现了成本降低目标，这将极大地推动钛在装甲领域的使用。

4.2　海　绵　钛

4.2.1　全球海绵钛的产量

2001~2012 年全球海绵钛的产量及所占比例见表 4.6。从表中可以看出，从 2001 年以后，中国海绵钛的产量及所占比例逐年递增，到 2007 年，中国已跃居成为世界最大的产钛用钛大国。

表 4.6 2001~2012 年全球海绵钛产量及所占比例

年份	美国		日本		哈萨克斯坦		俄罗斯		乌克兰		中国		总和/t
	产量/t	占比/%	产量/t	占比/%	产量/t	占比/%	产量/t	占比/%	产量/t	占比/%	产量/t	占比/%	
2001	7500	11.1	25107	37.1	12000	17.7	21000	31.1	—	—	2000	3.0	67607
2002	5600	7.9	22652	31.9	11000	15.5	22000	31.0	6000	8.4	3800	5.3	71052
2003	5600	7.6	18617	25.4	12000	16.4	26000	35.5	7000	9.6	4000	5.5	73217
2004	8500	9.4	26233	29.1	16500	18.3	27000	30.0	7000	7.8	4809	5.3	90042
2005	8000	7.9	30549	30.2	17000	16.8	28000	27.7	8000	7.9	9511	9.4	101060
2006	12300	9.9	36995	29.9	18000	14.5	29500	23.8	9000	7.3	18037	14.6	123832
2007	17100	10.4	38533	23.4	21000	12.7	32000	19.4	11000	6.7	45200	27.4	164833
2008	18800	10.9	40000	23.1	23000	13.3	32000	18.5	9500	5.5	49600	28.7	172900
2009	16000	12.0	25000	18.7	20000	14.9	26000	19.4	6000	4.5	40785	30.5	133785
2010	18000	11.3	32000	20.1	14700	9.2	29000	18.3	7634	4.8	57770	36.3	159104
2011	24000	11.7	52600	25.6	20000	9.7	35000	17.0	9000	4.4	64952	31.6	205552
2012	12600	5.7	57000	25.6	20000	9.0	42600	19.1	9000	4.0	81451	36.6	222651

4.2.2 全球海绵钛贸易情况

4.2.2.1 日本的海绵钛贸易

图 4.10 所示为 2001~2012 年日本海绵钛的国内需求和出口量,从图中可以看出,在 2010 年以前,日产海绵钛主要以国内需求为主,随着国际航空市场钛需求量的增加,2010 年以后日本海绵钛向国外航空市场(以波音和空客为主)出口的量迅速增长,到 2012 年已基本占据"半壁江山"。从近几年日本海绵钛的出口国来看,60% 以上出口到美国(波音等),30% 左右出口到欧洲(空客等)。

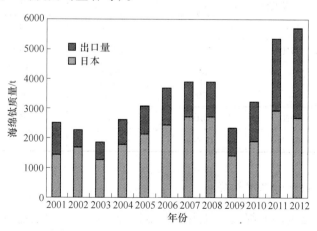

图 4.10 2001~2012 年日本海绵钛的国内需求和出口量

4.2.2.2　美国的海绵钛贸易

图 4.11 所示为美国 1997~2012 年海绵钛的进口量。从图中可以看出，美国海绵钛的进口量呈波浪上升的趋势，这主要由于受市场波动，以及生产成本的影响，美国钛加工企业对国外海绵钛的依赖度逐年提高。

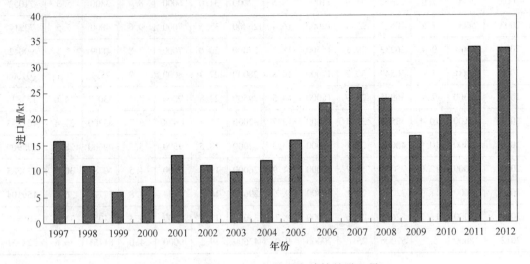

图 4.11　1997~2012 年美国海绵钛的进口量

独联体以及日本产航空级海绵钛，由于其质量的稳定性以及生产成本的优势，已成为美国以及欧洲航空航天、舰船等高端领域的长期供应商，并签署了长期供货合同。2007~2012 年美国海绵钛的进口国别和数量见表 4.7。从表中可以看出，日本为美国海绵钛第一进口大国，其次为哈萨克斯坦，中国居第三位。美国海绵钛的出口量较少，每年一般不足千吨。

表 4.7　2007~2012 年美国海绵钛的进口国别和数量　　　　　　　　　　（t）

年份	乌克兰及其他	日本	哈萨克斯坦	中国	合计
2007	3331	8250	13800	2220	24400
2008	2510	7860	12000	1510	23900
2009	—	5870	9930	—	16600
2010		9790	8550	—	20500
2011	3220	16100	8610	5860	33800
2012	3150	18900	8030	3510	33600

4.2.2.3　其他国家的海绵钛贸易

中国到 2012 年之前的海绵钛贸易主要以出口为主，其余少量进口。哈萨克斯坦和乌克兰产海绵钛主要以出口美国为主，其次为欧洲。俄罗斯产海绵钛主要以自销为主，其余少量从国外进口。

4.3 国外海绵钛生产企业概况

4.3.1 美国的海绵钛生产企业

4.3.1.1 美国 Timet 公司

美国 Timet 公司于 1993 年开始投产海绵钛，到 2012 年海绵钛产能为 12600t，公司自产的航空级海绵钛产品质量达到国际先进水平。

美国 Timet 公司用于海绵钛生产的主要原料来源是金红石，主要产地有奥地利、南非和斯里兰卡。Timet 公司是从奥地利购买所需的绝大部分的金红石，因而货源供应充足。

Timet 原材料的使用状况及各材料所占比例见表 4.8。

表 4.8 Timet 的原料使用状况及各材料所占比例

材料名称	占原料总量的比例/%
内部产海绵钛	24
外购海绵钛	29
钛残料	40
合金	7
总计	100

多年来，该公司的海绵钛生产时断时停，主要原因是受国际钛市场的影响，该公司在考虑到生产成本和原料持续供应的同时，主要选择从国外进口海绵钛生产钛材，自产海绵钛主要用于维持公司正常的生产。

4.3.1.2 美国 ATI 公司

2005 年，由于市场好转，公司投资重新启动闲置的海绵钛厂，到 2006 年上半年实现海绵钛产能 33750t。到 2009 年底，公司在美国罗利耗资 4.6 亿美元的海绵钛厂竣工投产，推出优质航空级海绵钛。到 2012 年，公司的海绵钛年产能已达 50000t 水平，主要用于公司内部的航空级钛材生产。

由于受市场影响，公司的海绵钛生产也处于半停产状态，在市场低迷时，公司主要大量以外购低成本的海绵钛来维持公司钛材生产，在市场好转时，公司则满负荷生产，来满足自身航空级钛材的生产供应。

4.3.2 日本的海绵钛生产企业

4.3.2.1 日本东邦钛公司

东邦钛金属株式会社（Toho Titanium Co., Ltd.）是全球第四大海绵钛生产商，年产能达到 28kt，总部在日本神奈川县茅崎市，其钛厂位于神奈川县茅崎市，濒临太平洋相模湾，占地 $167369m^2$，建筑面积为 $49414m^2$。除生产海绵钛外，还生产钛粉、高纯二氧化钛、电子陶瓷原料（氧化钛、镍粉）、催化剂等。产品主要应用在飞机、航天、海水淡化装置、轮船、高尔夫球球杆、公路钢梁、屋顶建材等。

该公司主要产品如下：

（1）金属钛系列：海绵钛、钛锭、高纯度钛、钛粉、钛加工件、钛线材等。

（2）主要应用领域：飞机、宇宙飞船、电厂、化工厂、海水淡化厂、汽车、自行车、高尔夫球头、眼镜架、照相机、手表、喷溅靶材等。

（3）化学钛系列：THC 催化剂、高纯度氧化钛、钛白粉、四氯化钛、四氯化钛水溶液等。

（4）其他金属及化工产品系列：铌合金及铌钛合金、超微镍粉、无水氯化镁、氧化钾等。

4.3.2.2　日本大阪钛科技公司

A　公司产值及产量

2010 年，钛事业部的销售额为 263.089 亿日元，同比增加 39%；多晶硅事业部的销售额为 45.053 亿日元，同比减少 59%。随着半导体以及液晶领域需求的增加、销路的打开，高纯度钛以及 TILOP 销售数量的大幅度增加，高性能材料事业部的销售额达到了 28.015 亿日元，同比增长 60%。2010~2012 年海绵钛的产量见表 4.9。

表 4.9　2010~2012 年海绵钛的产量

年份	2010	2011	2012
产量/t · a^{-1}	32000	38000	41000

B　公司产品

（1）钛：海绵钛、钛锭、四氯化钛、四氯化钛水溶液、钛铁。

（2）硅：多晶硅、高纯度四氯化硅、三氯化氢烷。

（3）其他：高性能材料，高纯度钛，钛粉，二氧化钛催化剂。

4.3.3　独联体海绵钛生产企业

4.3.3.1　AVISMA 钛镁联合企业股份公司

该公司主要产品如下：

（1）钛渣：按照 TU（ТУ）1715-452-05785388—1999 组织生产，采用钛铁矿精矿在矿热炉冶炼制得。

（2）四氯化钛：由钛渣氯化制得，按照 TU（ТУ）1715-455-05785388—1999 组织生产，OTT-0 牌号为无色透明液体，OTT-1 牌号为淡黄色或绿黄色液体。

（3）海绵钛：采用镁热还原法制取，按照 GOST（ГОСТ）17746—1996 和 TU（У）1715-456-05785388—2000 标准组织生产，还可按用户的要求组织生产，达到水平比本国及国际标准要求更严格要求。粒度为 12~70mm、12~25mm、2~12mm。

（4）钛粉及二氧化钛：按照 TU（ТУ）1971-449-05785388—2005 标准组织钛粉生产，用于电弧熔炼钛化物、烧结钛及其他工业部门。钛粉颗粒的形状为鳞片形、针状、椭圆形和圆形等。二氧化钛采用四氯化钛气相水解的方法制得，为白色透明细散粉末，有金红石型和锐钛矿型两种类型。

（5）钛铁：按照 GOST（ГОСТ）4761—1991［ISO（ИСО）]5454—1980 标准组织生产。

4.3.3.2　哈萨克斯坦的 UKTMP 海绵钛厂

乌斯特卡明诺戈尔斯克钛镁联合公司的主要产品为海绵钛，历史上年产量曾达 40kt 的高水平，本国无消耗，全部销往境外。海绵钛平均硬度为 HB92.4，粒度为 0~70mm，其中优质海绵钛的产量约占总产量的 85%，低品质海绵钛约占总产量的 6%。另外，公司还生产和销售镁、镁粉、五氧化二钒、氧化钪、颜料用二氧化钛、珐琅颜料和钛制品等产品。

4.4　国外钛锭的产能和产量

4.4.1　国外钛锭的产能和产量

钛锭可分为钛圆锭和扁锭等，全球的生产设备基本相同，主要是通过不同吨位的真空自耗电弧炉（VAR），或不同功率的电子束冷床炉（EB）和等离子冷床炉（PAM）来加工钛及钛合金锭，其不同在于全球各钛锭生产企业由于所加工的钛锭用途不同，因此，所生产的钛及钛合金锭的合金牌号及规格也有所不同。美国主要以生产航空级钛合金锭为主，日本主要以生产民用纯钛锭为主，俄罗斯主要以生产民用航空用钛合金锭为主，中国主要以生产用于化工领域钛材加工的纯钛锭为主。

4.4.1.1　美国钛锭的产量

美国 2005~2012 年钛锭的产量见表 4.10，从表中可以看出，随着美国航空市场的持续好转，美国钛锭的产量呈逐年递增的态势。

表 4.10　美国 2005~2012 年钛锭的产量

年份	2005	2006	2007	2008	2009	2010	2011	2012
产量/t	48100	53100	59200	58600	35600	56900	60300	68800

4.4.1.2　日本钛锭的产量

日本 2006~2012 年钛锭的产量见表 4.11，除受国际金融危机影响的 2009 年，日本钛锭产量大幅下降外，日本钛锭的产量一直呈上升的势头，尤其在 2011 年以来，日本钛锭的产量大幅增加，2011 年同比 2010 年增长了 191.7%。

表 4.11　日本 2006~2012 年钛锭的产量

年份	2006	2007	2008	2009	2010	2011	2012
产量/t	24241	25292	26999	11999	20673	—	—

4.4.2　国外钛锭的贸易

4.4.2.1　美国钛锭的贸易

美国 2006～2012 年钛锭的进出口情况见表 4.12，从表中可以看出，美国钛锭主要以外购海绵钛自产自用为主，每年只有少量进出口，占其需求量不到 10%。

表 4.12　美国 2006～2012 年钛锭的进出口情况

年份	2006	2007	2008	2009	2010	2011	2012
进口量/t	3140	2270	1340	531	237	655	510
出口量/t	2070	2270	725	776	467	252	3760

4.4.2.2　日本钛锭的贸易

日本一般只从国外进口钛锭，用以来料加工或弥补国内海绵钛的不足，主要用来生产钛材民用产品（如纯钛带材）。

日本很少出口钛锭，主要是因为日本以生产纯钛锭民用为主，日产海绵钛原料主要用于航空钛合金加工材的生产，主要出口美国，美国主要以进口海绵钛为主，合金锭由于其技术含量和质量要求，基本上自产。

4.5　国外钛材的产能和产量

4.5.1　国外钛材的产能和产量

全球钛加工材 2006～2012 年的产量见表 4.13，从表中可以看出，10 多年来，美国的钛材产量一直居首位，但从 2010～2012 年开始，中国的钛材产量跃居世界前列，中国已成为产钛用钛的大国之一。

表 4.13　全球钛加工材 2006～2012 年的产量

年份	美国		日本		欧洲		俄罗斯		中国		合计/t
	产量/t	占比/%	产量/t	占比/%	产量/t	占比/%	产量/t	占比/%	产量/t	占比/%	
2006	30200	31.8	17317	18.2	10000	10.5	23700	24.9	13879	14.6	95096
2007	33200	29.0	19087	16.7	11000	9.6	27540	24.1	23640	20.7	114467
2008	34800	29.5	19727	16.7	10000	8.5	25620	21.7	27737	23.5	117884
2009	32000	34.1	12000	12.8	7000	7.4	18000	19.2	24965	26.6	93965
2010	34615	30.9	13783	12.3	4000	3.6	21000	18.9	38323	34.3	111721
2011	45500	30.7	19358	13.1	5000	3.4	27200	18.4	50962	34.4	148020
2012	39800	28.0	16183	11.4	5000	3.5	29450	20.8	51557	36.3	141990

4.5.2 国外钛材的贸易

4.5.2.1 美国的钛材贸易

美国2007~2012年钛材的进出口贸易情况见表4.14，从表中可以看出，近些年来，美国钛材的贸易主要以出口为主，进口只占其不到一半的份额。进口主要以俄罗斯为主，用于波音民用客机等航空钛结构件的生产。出口主要以日本和欧洲为主，用于生产民用航空领域的钛部件。

表4.14 美国2007~2012年钛材的进出口贸易

年份	钛材进口/t	钛材出口/t				
		棒，线，型材	毛坯	大棒	板及其他成品	出口合计
2007	4970	2840	1280	2730	8670	15520
2008	8010	3300	1980	3200	10500	18980
2009	6660	2300	913	2010	7240	12463
2010	8430	2830	1240	2240	8450	14760
2011	6190	4060	1560	3500	15600	24720
2012	6360	3560	2180	3660	13800	23200

4.5.2.2 日本的钛材贸易

图4.12所示为日本自2002~2012年钛材的贸易情况，从图中可以看出，2009年以前，日本钛材的生产主要以国内需求为主，从2009年以后转向以出口需求为主。主要向中国、沙特等民用领域的纯钛材出口，用于满足海水淡化、电力、化工等领域的钛材需求。

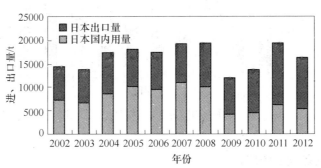

图4.12 日本自2002~2012年钛材的贸易情况

4.5.2.3 俄罗斯的钛材贸易

图4.13所示为俄罗斯自2005~2011年钛材贸易情况，从图中可以看出，到2011年，俄罗斯的钛材贸易主要以出口为主，国内需求不足40%，国内需求随着经济的增长呈上升的态势。出口主要以美国波音和欧洲空客等国际大型民用航空生产企业为主。

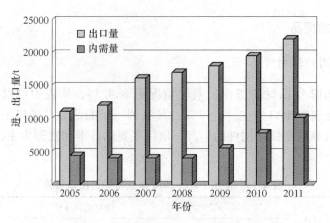

图 4.13　俄罗斯自 2005～2011 年钛材国内需求量和出口量

4.6　国外钛材的应用领域

4.6.1　钛材在国外各领域的应用

图 4.14 所示为 2006～2015 年世界钛材主要应用领域（军用、民用客机及一般工业）。从图中可以看出，目前全球钛工业主要用钛需求为民用航空和一般工业，军用领域的用钛量仍占很少的份额（10%左右），随着全球经济的复苏和民用航空业的飞机订单增加，预计今后上述三大领域的用钛量及比例也将随之增长。

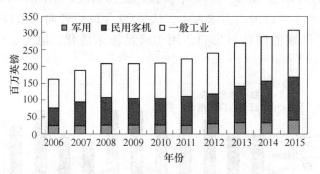

图 4.14　2006～2015 年世界钛材的主要应用领域

4.6.2　美国钛材在各领域的应用

美国是世界上第一个工业化生产海绵钛和钛加工材的国家，具有完善的钛冶金、加工、应用和研究体系。美国既是世界上最大的钛材生产国，也是世界上最大的钛材消费国。美国航空工业发达，所以注重的是钛合金材的科研和生产，它的产品以钛合金为主导，比如板材、棒材、锻件等，主要用作航空发动机的压切机盘、叶片、机翔等关键构架，在民用客机上，主要用作机身的大梁、中段以及内臂板等结构架。其他主要是能源工业用材，热能的需求以纯钛为主，其他还有建筑行业用钛、医疗器械行业、生活休闲工艺品用钛等。

图 4.15 所示为美国钛材的主要应用领域及比例。美国是航空航天大国,其钛加工材的 55%用于航空,9%用于非航空军事工业,25%用于工业,11%民用。

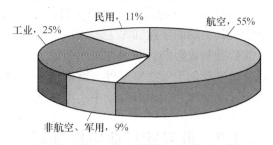

图 4.15 美国钛材的主要应用领域及比例

4.6.3 日本钛材在各领域的应用

与美国钛材领域的应用不同,日本 95%的钛材用于航空之外的领域,近年来日本钛材在各领域的应用比例如图 4.16 所示,如化工、电力、海水淡化、汽车、摩托车、建筑、医疗、电子、体育休闲、机械加工等。出口钛材应用最多的是在板式换热器(PHE)和电力方面。为了加速拓展钛的民用市场,日本还开发了一些新型钛合金,如高温钛合金、高强度钛合金、耐蚀钛合金及低成本钛合金。

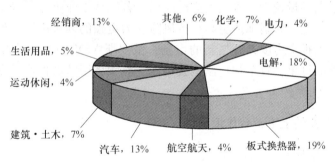

图 4.16 近年来日本钛材在各领域的应用比例

4.6.4 俄罗斯钛材在各领域的应用

与美日不同,俄罗斯钛材主要应用于发动机、宇航、舰船等领域,上述三大领域的钛材用量占总量的 90%以上,图 4.17 所示为俄罗斯钛材在各领域的应用比例。

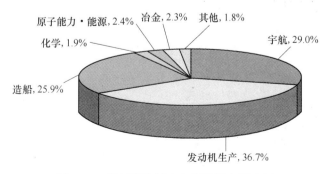

图 4.17 俄罗斯钛材在各领域的应用比例

4.6.5 各地区国家钛材应用领域的差异

多年来，各国的钛工业受政治经济的影响，形成了目前的钛应用格局。美俄过去东、西方两大阵营对立，各自发展其尖端的宇航和军工等领域，形成了以航空航天为主要应用领域的局面，而日本在二战后受制裁影响，只能在民用领域发展应用钛材，在民用航空领域仅为波音、空客公司等公司来料加工一些零部件。欧洲由于经 20 世纪 90 年代的兼并和重组，已经没有完整的欧洲钛工业体系，仅有几家中小型的钛材深加工企业存在。

4.7 世界钛行业发展分析

4.7.1 全球 6 次大的波动情况分析

世界钛工业经过 60 年的发展，在国际政治经济的大环境下，经历了 6 次波动，即第二次石油危机、世界经济萧条、冷战结束、9·11 事件、欧美企业并购、世界金融危机，这与钛金属本身的特性及用途有着直接的关系。

钛金属自被发现并很快工业化以来，由于其自身的高比强度、低密度、耐高温和无磁性等性能，早期被航空、船舶等尖端军工领域应用，但由于其加工难度大、生产成本质量要求高等特点，早期用量较少，难以被广泛应用。各国钛工业企业自身也在不断加大新产品和新应用的研发力度，向附加值更高、抗风险能力更强的领域进军，如美国 RTI 公司向新能源领域不断加大投资力度，开拓新的市场，俄罗斯 VSMPO 公司向中国大飞机领域靠拢，并获得实质性的订单，日本神户制钢公司向宇航领域用钛锻件产品发展，引进目前全球最大的 50kt 模锻机等。

4.7.2 全球钛材企业的上下游合作情况

（1）美国 ATI 海绵钛厂，自产自用。

（2）美国 Timet 海绵钛厂，自产自用。

（3）俄罗斯 AVISMA 海绵钛厂，自产自用。

（4）日本东邦钛，供应新日铁公司和欧美企业。

（5）日本大阪钛，供应神户制钢公司和欧美企业。

（6）哈萨克斯坦海绵钛厂，供应欧美钛加工企业和韩国浦项。

（7）乌克兰，供应日本钛加工企业。

5 钛 资 源

5.1 钛 矿 类 型

钛在地壳中的丰度为 0.56%，按元素丰度排列居第九位，仅次于氧、硅、铝、铁、钙、钠、钾和镁。按结构金属排列，钛仅次于铝、铁、镁，排第四位，比常见的铜、铅、锌金属储量的总和还多。钛属于典型的亲岩石元素，存在于所有的岩浆岩中，主要集中在基性岩中（丰度值达 1.38%）。钛的分布极广，遍布于岩石、砂土、黏土、海水、动植物，甚至存在于月球和陨石中，因此，如果按储量而论，是一个储量十分丰富的元素，但因为钛金属的冶炼加工过程复杂，产业化时间短，产量小，因此在冶金学上通常将钛称为稀有金属。

由于钛的化学活性很强，所以自然界没有钛的单质存在，它总是和氧结合在一起。在矿物中钛主要以 TiO_2 和钛酸盐形式存在。钛还经常与铁共生。$FeO\text{-}Fe_2O_3\text{-}TiO_2$ 系三元相图如图 5.1 所示，它们三者可形成无限固溶体，按照它们的不同比例形成许多矿物。

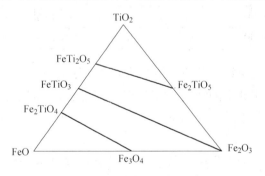

图 5.1　$FeO\text{-}Fe_2O_3\text{-}TiO_2$ 三元相图

钛的资源十分丰富，且分布很广，几乎遍布全世界。现在发现 TiO_2 含量大于 1% 的钛矿物有 140 多种，其中重要的钛矿物见表 5.1，但现阶段具有利用价值的只有少数几种矿物，主要是金红石和钛铁矿，其次是白钛矿、锐钛矿、红钛铁矿、板钛矿和钙钛矿。钛铁矿约占 85%~95%，是目前钛及钛产品的主要来源。钛铁矿有 41.4% 存在于矿砂矿床，有 58.4% 则存在于钒钛磁铁矿-钛磁铁矿中。钙钛矿只是最近才发现有一定的数量，它能否被利用取决于提取工艺技术的进展及其经济效果。

钛铁矿，六方晶系，晶形呈厚板状，一般为褐色，具有金属光泽，中等磁性，良导体，由于钛铁矿与磁铁矿、赤铁矿共生紧密，使得钛含量比理论值低。另外因部分氧化作用，钛铁矿可发生蚀变而使钛含量增加，形成白钛矿 $TiO_2 \cdot nH_2O$，理论品位 52.63%、莫氏硬度 5~6、密度 4.7~4.78g/cm^3。

表 5.1　重要的钛矿物

序号	矿物	化学式	结晶构造	TiO₂ 的理论含量/%	密度 ρ /g·cm⁻³	莫氏硬度	颜色	磁性
1	金红石	TiO_2	正方晶系	100	4.2~4.3	6~6.5	红褐色	无磁性
2	锐钛矿	TiO_2	正方晶系	100	3.9	5.5~6	褐色	
3	板钛矿	TiO_2	斜方晶系	100	4.1	5.5~6	黄色到褐色	无磁性
4	钛铁矿	$FeTiO_3$	六方晶系	52.63	4.7~4.78	5~6	褐色	中等磁性
5	白钛石	$TiO_2 \cdot nH_2O$	变质物	组成不固定	3.5~4.5	4~5.5	灰黄色到褐色	非磁性
6	钙钛矿	$CaTiO_3$	立方晶系	58.75	4.1	5.5	深褐色	通常为非磁性
7	榍石	$CaTiSiO_5$	单斜晶系	40.82	3.5	5~5.5	黄色到绿色	
8	假板钛矿	Fe_2TiO_5	斜方晶系	33.35	4.39	6.0	赤褐色暗褐色	
9	红钛铁矿	$Fe_2O_3 \cdot 3TiO_2$	六方晶系	60.01	4.25		赤褐色	
10	钛磁铁矿	$Fe_2TiO_3 \cdot Fe_3O_4$	等轴晶系					强磁性
11	赤铁钛铁矿	$Fe_2TiO_3 \cdot Fe_2O_3$	三方晶系					弱磁性
12	钛铁晶石	$Fe_2TiO_4(2FeO \cdot TiO_2)$	等轴晶系	35.73	3.5~4.0	5~5.5	黑色	强磁性
13	镁钛矿	$MgTiO_3$	三方晶系	66.46	4.03~4.05	5~6	暗褐色	
14	红锰钛矿	$MnTiO_3$		52.97	4.54~4.58	5~6	褐黑色	

金红石，是一种黄色至红棕色的矿物，其主要成分是 TiO_2，还含有一定量的铁、铌和钽，铁是由于它与钛铁矿共生的结果。由于 Ti^{4+} 与 N_6^{5+}、Ta^{5+} 离子的相似性，铌和钽常伴生在钛矿石中。锐钛矿的基本成分是 TiO_2，具有金红石和板钛矿的多晶形矿物，含有一定量的铁、铌、钽和锡。

钛铁矿的理论分子式为 $FeTiO_3$，其中 TiO_2 理论含量为 52.63%，但钛铁矿的实际组成是与其成矿原因和经历的自然条件有关，可以把自然界的钛铁矿看成是 $FeO\text{-}TiO_2$ 和其他杂质氧化物组成的固溶体，可用以下通式表示：

$$m[(Fe, Mg, Mn) \cdot TiO_2] \cdot n[(Fe, Cr, Al)_2O_3], \quad m+n=1$$

由于矿中杂质种类和数量不同而存在许多衍生物，其中重要的有镁钛矿、钙钛矿、钙铈钛矿、榍石等。同时，由于自然界的风化作用，使钛铁矿的组成不断发生变化，形成所谓"风化"钛铁矿，其中白钛石就是钛铁矿受到风化产生的一种蚀变产物，它没有固定的组成，TiO_2 含量可高达 70%~90%。红钛铁矿可用 $Fe_2O_3 \cdot 3TiO_2$ 化学式表示，因此可以看成是钛铁矿、赤铁矿、锐钛矿和金红石的混合物，也是钛铁矿的一种风化产物。世界各地钛铁矿的品位差别很大，这与成矿时夹杂的杂质多少、成矿时间和风化条件有关，例如，南非钛铁矿含 TiO_2 48%，澳大利亚钛铁矿含 TiO_2 54%，印度钛铁矿含 TiO_2 58%~60%。成矿时夹杂的杂质少，成矿时间少，风化越厉害的矿物，其 TiO_2 含量就越高。

具有开采价值的钛矿床可分为岩矿和砂矿两大类。岩矿床又分为两类，即岩浆分化形成的块状矿和碱性岩石中的金红石矿。岩矿床是原生矿，这里是指块状钛矿床，属于岩浆分化矿床，这类矿床的主要矿物是由含钛铁矿的钛磁铁矿和赤铁矿组成，并多含有相当量的钒、钴、镍、铜、铬等有用金属元素。岩矿钛铁矿有下列特点：

（1）矿中铁的氧化物主要以 FeO 形式存在，FeO/Fe_2O_3 比值较高。

（2）岩矿的结构致密，脉石含量高，可选性差，不易将 TiO_2 与其他成分分离，选出的精矿含有相当量的非铁杂质，特别是含有较高的 MgO，精矿的 TiO_2 品位一般在 44%~48% 之间，且选矿的回收率较低。

（3）岩矿产地集中，储量大，可大规模开采。由于岩矿的可选性差，目前世界上许多岩矿仍未被利用，岩矿钛铁矿主要产地有加拿大、挪威、美国、中国和俄罗斯等。

钛砂矿床是次生矿，属于沉积矿床，有海成因和河成因之分，它来自岩矿床，由于海浪和河流带到各地，在海岸和河滩附近沉积成砂矿，大多产于气候潮湿的热带、亚热带和温带地区，即大都分布在南半球的海滩和河滩上。这类矿床的主要矿物金红石、钛铁矿，其次是白钛石。钛砂矿在形成过程中被风化，一些可溶成分被溶出，同时又夹带了一些贵重矿物，因此往往与锆英石、独居石等共生，这些矿物的特点是 Fe_2O_3 含量较高，即 FeO/Fe_2O_3 比值较小，矿物结构比较疏松，脉石含量较少，容易用选矿方法将 TiO_2 与其他成分分离，因此，精矿品位高，其中金红石精矿 TiO_2 品位可达 96%，钛铁矿精矿 TiO_2 品位可达 50%~60%，且矿物颗粒较大，但砂矿钛铁矿往往含有较高的 MnO。砂矿产地主要在南非、澳大利亚、印度、南美洲等地的海滨和内河的沉积层中。

5.2 世界钛资源现状

5.2.1 全球钛资源及产业发展现状及趋势

全球钛资源分布较广，30 多个国家拥有钛资源。目前全球具有工业利用价值的钛资源主要是钛铁矿（岩矿、砂矿）和天然金红石，其中钛铁矿占绝大多数。据 2007 年美国地质调查局（USGS）公布的资料表明，全球钛铁矿基础储量约 12 亿吨（以 TiO_2 计，下同），储量约 6 亿吨，金红石基础储量约 1 亿吨，储量 0.5 亿吨。全球钛资源主要分布在澳大利亚、南非、加拿大、中国和印度。其中加拿大、中国、印度主要是钛岩矿；澳大利亚、美国主要是钛砂矿；南非的岩矿和砂矿均十分丰富，世界钛资源储量及其分布情况见表 5.2。

表 5.2 世界钛资源储量及其分布

国　家	钛铁矿资源（TiO_2）/kt		人造金红石资源（TiO_2）/kt	
	储量	基础储量	储量	基础储量
南非	63000	220000	8300	24000
挪威	37000	60000	—	—
澳大利亚	130000	160000	19000	31000
加拿大	31000	36000	—	—
印度	85000	210000	7400	20000

国　家	钛铁矿资源（TiO$_2$）/kt		人造金红石资源（TiO$_2$）/kt	
	储量	基础储量	储量	基础储量
巴西	12000	12000	3500	3500
越南	5200	7500	—	—
美国	6000	59000	400	1800
乌克兰	5900	13000	2500	2500
中国	200000	350000	190	280
莫桑比克	16000	21000	480	570
其他	15000	78000	8100	17000
合计	606100	1226500	49870	100650

注：美国地质调查局（USGS）2007年公布数据。

中国是一个钛资源大国，占有全球30%以上的钛资源。根据国土资源部2002年底对中国钛矿资源发布的统计数据：目前中国钛矿资源主要有三种类型：钛铁矿岩矿、钛铁矿砂矿和金红石矿。其中钛铁矿岩矿以钒钛磁铁矿为主，是中国最主要的钛矿资源，主要分布在四川攀西地区和河北承德地区，资源量4.36亿吨。四川是中国钒钛磁铁矿资源最丰富的地区，有27个钛矿区，资源量为4.10亿吨，约占全国的94%，主要分布在攀枝花、西昌地区。

钛铁砂矿主要分布在海南、云南、广东、广西和江西等省区，资源量36290kt。金红石矿主要分布在河南、湖北和山西等省区，资源量7980kt。

5.2.2　全球钛原料

钛原料主要包括钛铁矿和富钛料（钛渣、天然金红石、人造金红石、升级钛渣）。2006年全球总共生产钛铁矿约5200kt（按TiO$_2$计，下同），天然金红石360kt，2005～2006年世界钛铁矿及天然人造金红石产量见表5.3。生产国家主要是澳大利亚、南非、加拿大、中国和挪威等。2006年中国生产钛精矿700kt（攀西地区约450kt，云南地区约120kt，其他130kt），消费钛精矿1030kt，自给率约68%。

表5.3　2005～2006年世界钛铁矿及天然人造金红石产量

国　家	钛铁矿产量/kt		天然金红石产量/kt	
	2005年	2006年	2005年	2006年
澳大利亚	1180	1210	163	171
南非	867	893	105	108
加拿大	731	780	—	—
中国	450	700	—	—
挪威	381	381	—	—
美国	300	300	—	—

续表 5.3

国　家	钛铁矿产量/kt		天然金红石产量/kt	
	2005 年	2006 年	2005 年	2006 年
印度	297	297	18	20
乌克兰	218	273	57	62
巴西	130	130	3	3
越南	95	64	—	—
其他	136	144	—	—
合计	4785	5172	346	364

　　世界钛铁矿有相当一部分进一步加工成钛渣、人造金红石或 UGS 等富钛料，以满足于硫酸法钛白、氯化法钛白和海绵钛等的需要，2006 年全球钛渣、人造金红石及 UGS 的产量见表 5.4，分别为 2540kt、1640kt 和 200kt，中国 2006 年钛渣产量约 70kt，主要集中在川、滇两省，今后将增长。

表 5.4　2006 年全球钛渣、人造金红石及 UGS 产量

国　家	企业名称	钛渣产量/kt	人造金红石/kt	UGS/kt
加拿大	QIT 公司	700	—	200
南非	RBM 公司	1000	—	—
挪威	Tinfos 公司	260	—	—
澳大利亚	Iluka	—	500	—
	Ticor 和 Iscor	—	500	—
	CRL	—	250	—
	Tiwest	—	250	—
印度	IERL	—	60	—
	KMML	—	80	—
南非	Namakwa	300	—	—
乌克兰	VSMMP 等	200	—	—
中国	诸多钛渣生产企业	80	—	—
合计		2540	1640	200

　　目前全球钛铁矿年需求量约为 5000kt（以矿中 TiO_2 计），现有钛铁矿年产能力约为 10000kt（以钛铁矿精矿计）和天然金红石 400kt 左右，供需基本平衡。但随着钛白粉生产量的逐年增加和旧矿山产量的下降，全球钛铁矿将处于供不应求的局面，因此，一些大公司分别在澳大利亚、南非、印度、肯尼亚等投入巨资开发建设新矿山，以缓解钛铁矿的供应不足的压力。由于中国近年钛白和金属钛产业的迅猛发展，钛铁矿资源的短缺已经凸显，截至 2007 年，中国钛铁矿资源有三分之一依赖进口，随着中国扩建和新建钛产业的相继投产，钛资源的依赖程度必将进一步扩大，预计以后中国将有 50% 左右的钛资源依赖进口，方可满足国内钛产业的需求。

5.3　国外钛资源及生产状况

5.3.1　国外钛资源

综合近年 USGS、BGS 和 WBMS 等发布的有关数据，国外钛资源储量见表 5.5。国外钛矿储量基础（以 TiO_2 计）为 10.2 亿吨，储量为 5.53 亿吨。其中，钛铁矿储量基础（以 TiO_2 计）为 9.1 亿吨，储量为 4.9 亿吨；天然金红石储量基础（以 TiO_2 计）为 1.11 亿吨，储量（以 TiO_2 计）为 0.64 亿吨。钛资源储量中，钛铁矿约占 85%～90%，天然金红石约占 10%～15%。

表 5.5　国外钛矿资源储量

国　家	基础储量（TiO_2）/kt			储量（TiO_2）/kt		
	钛铁矿	金红石	小计	钛铁矿	金红石	小计
澳大利亚	160000	31000	191000	130000	22000	152000
印度	210000	20000	22000	85000	7400	92400
南非	220000	24000	244000	63000	8300	71300
挪威	60000	10000	70000	37000	9000	46000
加拿大	36000		36000	31000		31000
莫桑比克	21000	570	21570	16000	480	16480
巴西	18000	2500	20500	12000	1200	13200
美国	59000	1800	60800	6000	700	6700
乌克兰	13000	2500	15500	5900	2500	8400
越南	5900		5900	2400		2400
马达加斯加			19000			
斯里兰卡	18000		18000			
马来西亚	1000		1000			
其他国家	87700	19000	106700	99900	12840	112740
总计	909600	111370	1020970	488200	64420	552620

注：基础储量：能预测的资源量；储量：基础储量中"经济的"部分×可采系数。

上述所统计的钛铁矿资源储量，只包括钛铁矿砂矿和少量高品位钛铁矿岩矿（例如加拿大、挪威的原矿中含 30%～70%钛铁矿的岩矿），不包括钒钛磁铁矿中的钛铁矿。天然金红石资源，只包括天然金红石砂矿，不包括天然金红石岩矿。

有关世界钛资源的统计数据只具有参考价值，不是十分准确的完全统计，因为统计数据来源渠道不同，数据不一定准确，统计也不完全，许多国家的资源未统计在内，而且不同时间的统计数据差别很大。

钛铁矿主要集中分布在澳大利亚、南非、印度、加拿大、挪威、莫桑比克、美国、越南等国。金红石矿主要集中分布在澳大利亚、南非、印度、乌克兰等国。

5.3.2 国外钛矿的生产状况

目前，国外钛矿年产量以 TiO_2 计为 6200kt，其中钛铁矿精矿产量约为 10000kt，天然金红石产量 600kt。澳大利亚的钛矿产量占全球第一位，钛铁矿精矿产量占全球的 22%，天然金红石产量占全球的 53%。澳大利亚所产钛铁矿精矿用于加工成人造金红石 726kt，出口钛铁矿精矿 875kt。南非的钛矿产量占全球第二位，钛铁矿精矿产量占全球的 19%，天然金红石产量占全球的 20%。加拿大的钛矿产量占全球第三位。国外的钛矿床较集中，大都是特大规模的采矿，被几大公司所控制，国外主要钛矿经营商及生产简况见表 5.6。

表 5.6 国外主要钛矿经营商及生产简况

经营商	矿 址	矿物名称 精矿品位（TiO_2）/%	产量 /kt·a^{-1}	用 途
QIT	加拿大魁北克省	钛铁矿岩矿 36	约 2500	全部用于生产钛渣和 UGS
RBM	南非夸祖鲁纳达尔省	钛铁矿砂矿 48 天然金红石 ≥95	约 2200 105	全部用于生产钛渣
Iluka	澳大利亚西海岸和美国	钛铁矿砂矿 54 天然金红石	1700 220	部分用于生产人造金红石
Ticor-Iscor	澳大利亚和南非	钛铁矿砂矿 54 天然金红石 ≥95	1050 40	澳矿用于生产人造金红石
Cable Sand	澳大利亚西海岸	钛铁矿砂矿 54	300	用于生产人造金红石
CRL	澳大利亚	钛铁矿砂矿 54 天然金红石 ≥95	180 80	用于生产人造金红石
Tiwest	澳大利亚珀斯	钛铁矿砂矿 54 天然金红石 ≥95	430 34	用于生产人造金红石
BHP	比努普	钛铁矿砂矿	约 600	
BeMax Resources NL	Ginkgo	钛铁矿砂矿 天然金红石	360 78	
TTI	挪威特尔尼斯	钛铁矿岩矿 45	600	用于生产钛渣
VSMMP 等	乌克兰	钛铁矿砂矿 64 天然金红石 ≥95	300~500 50~100	用于生产高钛渣
IERL	印度奥累萨	钛铁矿砂矿 54 天然金红石 ≥95	220 10	部分用于生产人造金红石
KMML	印度恰瓦拉	钛铁矿砂矿 54	300	用于生产人造金红石和钛白
NSL（Namakwa）	南非开普敦	钛铁矿砂矿 48 天然金红石 ≥95	500	用于生产钛渣
总计		钛铁矿 天然金红石	约 10000 约 600	

第一大钛矿经营商是 RTZ（Rio Tinto 公司拥有 100%股份的 QIT 和拥有 50%股份的 RBM 的合称），约占世界钛矿市场的 50%。该公司在加拿大和南非开矿，钛铁矿精矿年产量达约 5000kt，全部用来冶炼成钛渣出售，QIT 还将部分钛渣进一步加工成 UGS（富集钛渣）产品。

　　第二大钛矿经营商是澳大利亚的 Iluka，它是由 RGC 和 WSL 两公司合并成立的，占世界钛矿物市场的 30%。该公司在澳大利亚和美国开矿，钛精矿年产量约 2000kt，在澳大利亚钛铁矿的 50% 用还原-锈蚀法加工成人造金红石出售。

　　第三大钛矿经营商是澳大利亚的 Ticor 和南非的 Iscor 的合资公司，在澳大利亚和南非开矿，钛精矿年产量约 1000kt，在澳大利亚生产的钛铁矿的 50% 用还原-锈蚀法加工成人造金红石出售。Ticor 和 Iscor 现正在南非投入巨资扩大钛矿生产规模和建立钛渣厂，所占市场份额将会迅速上升。另外，南非的英美矿业公司所属 NSL 公司（纳马克瓦砂矿公司）在开普敦省开采钛矿，钛精矿年产量约为 500kt，全部加工成钛渣出售。

　　挪威 TTI 公司开采位于挪威西南的特尔尼斯钛铁矿，钛精矿年产量约 900kt，其中约 50% 用于生产钛渣出售。

　　印度稀土公司（IRE）和克拉拉邦矿业公司（KMML）是印度开采经营钛矿的主要两个公司，钛精矿年产量估计 400~600kt，其中一部分采用盐酸法加工成人造金红石，并在扩大钛矿开采规模。

　　独联体国家的钛矿主要是由乌克兰的 VSMMP 公司供应。乌克兰拥有大型的优质钛矿床，沃利诺戈尔斯克国营矿山冶金联合公司和伊尔善斯克采选联合公司的年生产能力达 700kt，用于生产海绵钛和颜料二氧化钛，是俄罗斯及哈萨克斯坦钛矿的主要供应商。另外，俄罗斯也有钛矿开采，主要在西伯利亚和后贝加尔地区。

　　越南也是世界上重要的钛铁矿生产国之一，钛铁矿产量逐年增加，目前年产量已达 700kt，占世界总产量的 10% 左右，主要出口中国。

　　莫桑比克是世界上重要的钛铁矿生产国之一，钛铁矿产量约占世界总生产量的 6%。

　　斯里兰卡国有的兰卡矿砂有限公司（在斯里兰卡东北沿岸的 Pulmoddai）负责开采钛铁矿，该矿砂包括 70%~75% 钛铁矿，10% 金红石，以及 8%~10% 的锆石，生产的钛矿主要出口中国。

　　全球生产钛矿的 90% 用于生产钛白粉，约 5.5% 用于生产海绵钛。随着钛白生产量逐年增加和旧矿山产量下降，因而还需要开发新矿山，一些大公司分别在澳大利亚、南非、印度、肯尼亚和莫桑比克等投入巨资开发建设新矿山。

5.4　中国钛资源及生产状况

5.4.1　中国钛资源

　　中国钛矿资源分为三种类型：钛铁矿砂矿、钛铁矿岩矿和金红石岩矿。国内主要钛矿资源简况见表 5.7。

表 5.7　国内主要钛矿资源简况

矿产地	原矿种类	储量（TiO_2）/kt	可回收的钛矿物种类
四川攀西地区	钒钛磁铁矿	870000	粒状钛铁矿
河北承德地区	钒钛磁铁矿	35000	粒状钛铁矿
广东省	重矿砂	17000	钛铁矿和金红石

矿 产 地	原矿种类	储量（TiO_2）/kt	可回收的钛矿物种类
广西壮族自治区	重矿砂	3600	钛铁矿和金红石
海南省	重矿砂	26000	钛铁矿和金红石
云南省	内陆砂矿	30000	钛铁矿
河南省南阳	含金红石岩石	50000	粒状金红石
湖北枣阳	含金红石岩石	5600	粒状金红石
河北涞水	含金红石岩石	7000	粒状金红石
山西代县	含金红石岩石	620	粒状金红石

注：砂状钛矿以 TiO_2 计为 76600kt。钒钛磁铁矿中 TiO_2 总量 905000kt，其中钛铁矿以 TiO_2 计约为 200000kt。金红石岩矿以 TiO_2 计为 63000kt。

中国的钛资源储量十分丰富，但主要是钛铁矿资源，金红石矿甚少，在钛铁矿储量中，岩矿占大部分，部分为砂矿。

钛铁矿砂矿：主要分布在广东、广西、海南和云南等省，其中广东、广西和海南的资源储量总计为 46600kt（以 TiO_2 计），经过多年无序的开采，现余下的资源已远没有那么多。

钛铁矿岩矿：主要分布在四川攀西地区和河北承德地区的钒钛磁铁矿中。按钒钛磁铁矿原矿中的 TiO_2 含量计算，总计为 9.05 亿吨。在目前攀钢和承钢生产规模条件下，钛精矿产量可达 400~500kt/a。这类原生钛铁矿精矿品位低，TiO_2 含量 46%~47%，非铁杂质含量高达 10%~13%，特别是 CaO+MgO 含量达 4%~7%。

中国四川攀枝花地区是一个超大型的钒钛铁矿岩矿储藏区，该矿区的矿体范围大，它是由攀枝花、红格、白马和太和等几十个矿区组成。从大地构造位置看，它位于中国川滇南北构造体系的北段，区内安宁河大断裂层近南向北纵贯本区中部，矿床受这个大断裂带所控制，岩体呈南北分布，向西陡倾斜，岩体规模大小不等，一般长达 5~20km，矿石类型为致密块状、侵染状矿石，矿石中的钛矿物主要为粒状钛铁矿、钛铁晶石和少量片状钛铁矿，从矿物可选性来看，粒状钛铁矿可单独回收，而钛铁晶石和片状钛铁矿不能单独回收，选矿时，从钒钛磁铁矿的选铁尾矿中选出的粒状钛铁矿可供利用，该钛铁矿的特点是结构致密，固溶了较高的 MgO，因此选出的精矿品位较低，MgO 和 CaO 含量较高，给提取冶金带来一定困难。河北承德地区的类似钒钛磁铁矿，储量较小，钛精矿固溶的 MgO 较低，可选得质量较好的钛精矿。

金红石岩矿：中国已发现的天然金红石资源，80%以上是岩矿，砂矿资源比较少。现只有山西代县等在进行小规模开采。

云南钛矿资源较为丰富，有钛铁矿砂矿、钛磁铁矿和钒钛磁铁矿，其中现阶段有利用价值的是钛铁矿砂矿。因为地质勘探工作不详，云南钛矿储量说法不一，目前已比较确定探明的钛铁矿砂矿储量以 TiO_2 计为 30000kt。云南矿属内陆砂矿，一般只含钛铁矿，不含金红石和锆英石，选出的钛铁矿精矿 TiO_2 品位一般在 48%~50%之间，且含有 1%~2%的 MgO，云南矿的特点是矿点分散，矿层薄，不具备定点大规模开采的条件。

广东、广西和海南地区的钛铁矿砂矿品位高、杂质少，采选比较容易，又伴生有锆英石、独居石、磷钇矿、金红石等，综合利用的价值高，提取也容易，但多数伴生有放射性矿物。

此外，在福建、山东和辽宁沿海和江西部分地区也有砂矿钛铁矿资源，中国已发现几处金红石矿床，其中以湖北枣阳的储量较大，原矿的 TiO_2 平均品位 2.31%，但由于结构致密，粒度小，选矿较困难。

综上所述，中国不是钛矿砂矿资源十分丰富的国家，按国外统计排在世界第六位，砂矿质量也不如国外。矿床比较分散，尚未发现大型砂矿床，这对中国钛工业的发展是不利的。

目前国内对钛矿的需求量约为 600kt 左右（以矿中 TiO_2 计），随着钛白粉和金属钛产量增加，最大需求量预计可达 1000kt（以 TiO_2 计），按已发现的砂矿和金红石岩矿资源储量计算，在今后相当长一段时间不会发生资源危机；但必须加强资源管理，合理开采利用。

5.4.2　中国钛矿的生产状况

中国金红石及钛铁矿精矿一般标准见表 5.8，技术经济指标和主要用途见表 5.9。中国 2009 年和 2010 年分别生产了 1200kt 和 1160kt 钛铁矿精矿。

表 5.8　中国金红石及钛铁矿砂矿一般标准

砂矿名称	边界品位 /kg·cm^{-3}	最低工业品位 /kg·cm^{-3}	可采厚度/m	夹石剔除厚度/m
金红石（矿物）	1	2	0.5	（剥采比≤4）
钛铁矿（矿物）	10	15	≥0.5~1	≥0.5~1

表 5.9　钛铁矿和金红石技术经济指标及主要用途

标准	部颁标准钛铁矿精矿工业技术经济指标							金红石指标
工业用途	供生产钛合金、钛白粉用				供生产人造金红石、高钛渣用			供生产焊条涂料
化学成分 /%	一级品		二级品	三级品	一级品	二级品		
	一类	二类				一类	二类	
TiO_2	≥52	≥50	≥50	≥48	≥52	≥50	≥50	95~97
P	≤0.02	≤0.02	≤0.025	≤0.03	≤0.03	≤0.04	≤0.05	
CaO, MgO	不限	不限	不限	<0.5	<0.6	<0.1		
FeO, Fe_2O_3	不限	不限	不限	不限	不限	不限		

中国的钛矿采选非常分散，据不完全统计有 80 多家经营钛矿的采选厂，每年只生产约 800kt 钛精矿，其中，最大的是攀钢钛业公司选钛厂，年产量约 200kt，最终扩建将达 400kt。承钢建设年产 40kt 的选钛厂，其余的采选厂多数是小规模经营，采选技术和设备都很落后，劳动生产率低，资源利用率不高。

海南、广东和广西三省年产钛精矿能力估计 400kt 左右，原来大部分都由农民或个体采矿，现已开始采取措施使采选厂向规模化方向发展。

云南省也是个体开采，使用简单的选矿设备生产钛铁矿精矿，年产能力估计达 300kt。造成钛矿分散经营的原因，一是体制问题，另一个重要原因是没有发现大型钛砂矿床，不便于集中开采，当然，这种钛矿分散经营状况，对钛冶金和钛白的大型化是不利的。

目前，国内市场对钛矿的需求量约 600kt（以矿中 TiO_2 计），由于国内天然金红石生产量很少，如果全部用钛铁矿约需 1000kt。预计国内年产钛铁矿精矿约为 800kt，已出现原料供不应求的状况，已从澳大利亚进口天然金红石和钛铁矿，从越南和朝鲜进口钛铁矿。

6 钛矿的开采和选矿

6.1 钛矿的开采及应用

对钛矿石的可开采标准尚无具体规定，一般认为，砂矿含钛铁矿在 15kg/cm³ 以上，或含金红石在 2kg/cm³ 以上才有工业开采价值。岩矿的钛铁矿含 TiO_2 10%~40%，或金红石含 TiO_2 超过 3%才具有工业开采价值。实际上，有些矿低于上述品位，特别是共生矿，当含有多种有价值的其他伴生矿物时，也可综合考虑开采。

钛精矿的 TiO_2 品位一般为 45%~60%，其中含有大量的铁和其他杂质，除直接可用作为硫酸法生产钛白粉的原料外，一般都需要经过富集处理加工成（高）钛渣或人造金红石之后，再用来生产钛白粉和金属钛。人造金红石或经还原处理的钛铁矿可用作制造电焊条的原料。

6.2 钛铁矿及相关矿物物理性质

钛铁矿和相关矿物的物理性质、粒度特性及选矿过程的矿物解离，对判明钛铁矿可选性能和制定选矿方案、工艺流程具有实际意义。

6.2.1 矿物的密度

将矿物密度的测定给予密度单位，称为矿物的测定密度。攀枝花矿区实测的矿物密度见表 6.1。

表 6.1 攀枝花矿区实测的矿物密度 （g/cm³）

矿物	钛磁铁矿	钛铁矿	硫化物	橄榄石	角闪石	钛普通辉石	斜长石
攀枝花矿区	4.59	4.62	4.52	3.26	3.46	3.25	2.67
白马矿区	4.63	4.61	4.54	3.24	3.47	3.37	2.67
红格矿区	4.86	4.60	4.53	3.23	3.47	3.30	2.66

砂矿床主要含有金红石、锆英石、磁铁矿、石英、独居石、榍石等，砂矿钛铁矿及相关矿物的密度见表 6.2。

6.2.2 矿物的磁性

矿物的磁性通常用矿物的磁化系数来表示，磁化系数为无量纲，但人们通常赋予其单位，即高斯电磁单位或电磁单位表示，后者称为比磁化系数（单位质量矿物的比磁化系数 χ）。

表 6.2 砂矿钛铁矿及相关矿物的密度 （g/cm³）

矿物	金红石	锆英石	单斜长石	磁铁矿	赤铁矿
密度	4.5~5.5	4.4~4.8	5.5~6.0	4.9~5.2	4.8~5.3
矿物	褐铁矿	石英	正长石	独居石	榍石
密度	3.4~3.6	2.6	2.5~2.65	4.9~5.3	3.4~3.6

在磁选技术领域，一般把自然界矿物按比磁化系数分为四类：$\chi > 600 \times 10^{-6}\,\mathrm{m^3/kg}$ 为强磁性矿物；$600 \times 10^{-6}\,\mathrm{m^3/kg} > \chi > 15 \times 10^{-6}\,\mathrm{m^3/kg}$ 为弱磁性矿物；$\chi < 15 \times 10^{-6}\,\mathrm{m^3/kg}$ 为非磁性矿物，负值为抗磁性矿物。砂矿钛铁矿及相关矿物的比磁化系数值见表 6.3。

表 6.3 砂矿钛铁矿及相关矿物的比磁化系数

矿 物	磁铁矿	钛铁矿	赤铁矿	褐铁矿
比磁化系数 $\chi/\mathrm{m^3 \cdot kg^{-1}}$	92000×10^{-6}	315.18×10^{-6}	23.18×10^{-6}	16.2×10^{-6}
矿 物	角闪石	独居石	电气石	金红石
比磁化系数 $\chi/\mathrm{m^3 \cdot kg^{-1}}$	25.45×10^{-6}	18.61×10^{-6}	19.38×10^{-6}	12.30×10^{-6}
矿 物	锆英石	石英	橄榄石	斜长石
比磁化系数 $\chi/\mathrm{m^3 \cdot kg^{-1}}$	0.79×10^{-6}	-0.50×10^{-6}	84×10^{-6}	14×10^{-6}

由表可见，钛磁铁矿属于强磁性矿物，是典型的铁磁性矿物。钛铁矿属于弱磁性矿物，本身具有永久性的原子磁矩，在未被磁化时磁矩的方向是紊乱的，不显磁性，但在外加磁场作用下，显示磁性，当撤去磁场时，磁化现象立刻消失。

6.2.3 矿物的可浮性

利用矿物表面的物理化学性质差异使矿物分离的方法，称为浮选。其特点是在浮选药剂的作用下，在矿浆中导入空气以形成大量气泡，可浮性好的矿物颗粒吸附于气泡上，并随气泡上浮到矿浆表面而被排出，可浮性差的矿物颗粒不能在气泡上吸附而留在矿浆中，以此达到有用矿物与脉石的分离。矿物质的可浮性与其对水的亲和力大小有关，凡与水亲和力大的矿物，其表面容易被水湿润，可浮性差，难以附着在气泡上上浮，而与水亲和力小的，表面就不易被水湿润，其可浮性好，容易附着在气泡上上浮。

6.3 矿物的选矿方法

选矿是将有用矿物与脉石矿物最大限度的分开，从而获得高品位精矿的过程，把共生的有用矿物尽可能地分别回收成为单独的精矿，除去有害杂质，综合回收、利用各种有用成分的过程。钛矿物常与许多矿物伴生，是一种由多种矿物组成的复合矿物。钛矿常用选矿方法主要为重选法、磁选法、浮选法、电选法等。

6.3.1 重选法

重选法是利用矿物密度不同使矿物分离的选矿方法。进行重选时除了要有各种重选设备之外，还必须有介质（空气、水、重液或重悬浮液）。重选过程中矿粒受到重力（在离心力场中则主要为离心力），设备施加的机械力和介质的作用力，这些力的组合就使密度不同的矿粒产生不同的运动速度和运动轨迹，最终可使重矿物与轻矿物彼此分离。

利用重选法分选矿石的难易程度，主要由待分离矿物的密度差决定，可由下式近似地评定：

$$E = \frac{\rho_2 - \rho}{\rho_1 - \rho} \tag{6.1}$$

式中 E——矿石的可选性评定系数；

ρ_1，ρ_2，ρ——分别为轻产物、重产物和介质的密度，kg/m^3。

可选性评定系数 E 值大者，分选容易，即使矿粒间的粒度差别较大，也能较好地按密度加以分选，反之，E 值小者，分选比较困难，而且在入选前往往需要将矿粒分组，以减少因粒度差别而影响按密度进行分选。矿石的可选性按 E 值大小可分成6个等级，矿物按密度分离的难易度见表6.4。

表 6.4 矿物按密度分离的难易度

E 值	$E>5$	$5>E>2.5$	$2.5>E>1.75$	$1.75>E>1.5$	$1.5>E>1.25$	$E<1.25$
难易度	极易选	易选	较易选	较难选	难选	极难选

$E>5$，属极易重选的矿石，除极细（小于 $10\sim5\mu m$）的细泥以外，各个粒度的物料都可用重选法选别；

$5>E>2.5$，也属易选矿石，按目前重选技术水平，有效选别粒度下限有可能达到 $19\mu m$，但 $74\sim37\mu m$ 级的选别效率较低；

$2.5>E>1.75$，属较易选矿石，目前有效选别粒度下限可达 $37\mu m$，但 $74\sim37\mu m$ 级的选别效率较低；

$1.75>E>1.5$，属较难选矿石，重选的有效选别粒度下限一般为 $0.5mm$；

$1.5>E>1.25$，属难选矿石，重选法只能处理不小于数毫米的粗粒物料，且分离效率一般不高；

$E<1.25$，属极难选的矿石，不宜采用重选。

根据公式（6.1），取重矿物密度（钛铁矿）$\rho_1=4.6g/cm^3$，轻矿物密度（石英）$\rho_2=2.6g/cm^3$，介质密度（水）$\rho=1.0g/cm^3$，计算可得钛铁矿的可选性评定系数 $E=2.25$，根据分类钛铁矿属于较易选矿石。

6.3.2 磁选法

磁选法是利用矿物磁性的差异，在不均匀磁场中使矿物分离的选矿方法。

矿物磁性差异是磁选的依据，矿物的磁性可测出，按磁性强弱程度可将矿物分为三类：强磁性矿物、弱磁性矿物、非磁性矿物。在磁选机的磁场中，强磁性矿物所受磁力最大，弱磁性矿物所受磁力较小，非磁性矿物不受磁力或受微弱的磁力。在磁选过程中，矿粒除磁力外，还有重力、离心力、摩擦力及水流作用力等，当磁性矿粒所受的磁力大于其余各力的合力时，就会从物料流中被吸出或偏离出来，成为磁性产品，余下的则为非磁性产品，实现不同磁性矿物分离。

钛铁矿属于弱磁性矿物，如利用磁选需采用强磁选设备进行分选。

6.3.3 浮选法

浮选法是利用矿物表面的物理化学性质差异，从矿浆中借助于气泡的浮力实现矿物分选的选矿方法。

随着研究工作的深入及实际应用，先后出现了各种有独特工艺及专有用途的浮选方法，如沉淀浮选、离子浮选、吸附浮选等。浮选发展到现在，比较全面的定义是：利用物料自身具有的或经药剂处理后获得疏水亲气（或亲油）特性，使之在气-水或水-油界面聚集，达到富集和分离。现代常规矿物浮选的特点是：矿粒选择性地附着于矿浆中的气泡上为矿化气泡，矿化气泡上浮到矿浆表面，达到有用矿物和脉石矿物的分离。

钛铁矿浮选常用的捕收剂有脂肪酸类，如油酸类、氧化石蜡皂类、纸浆废液及塔尔油、羟肟酸及其盐类、有机磷酸和胩酸等。

6.3.4 电选法

电选法是根据矿物的电性差异使矿物分离的选矿方法。在电选机的电场中，不同电性的矿粒因荷电不同而受到不同的电场力作用，从而产生不同的运动轨迹，最后实现分离。

矿物电性可用介电常数、电阻、比导电度和整流性来描述，凡介电常数较小、电阻较大、比导电度高的矿物都是不易导电的，在电选中常作为非导体矿物产出，与此相反，凡介电常数较大、电阻较小、比导电度低的矿物都往往容易导电，在电选中常作为导体矿物产出。在电选过程中，电场作用力、重力、离心力以及摩擦力等共同作用在矿粒上，这些力的合力决定矿粒的去向。实现电选分离的必要条件：非导体矿粒所受的电场力>矿粒所受重力、离心力等力的合力>导体矿粒所受的电场作用力。

6.4 钛矿的选矿

钛矿物常与许多矿物伴生，是一种由多种矿物组成的复合矿物，无论是钛铁矿还是金红石，从构造它的不同矿区的结构性质和组成特点来看，用一种选矿手段很难分选出 TiO_2 品位高而杂质少的钛精矿，因此，在确定选矿流程前，通常必须要了解钛矿物的组成和性质，弄清楚每种选矿方法的特点，在试验的基础上方能确定流程。在选别钛矿时，几乎使用了各种选矿方法，反复交替地进行组合，才能达到比较理想的分选效果。

6.4.1 钛铁矿的选矿

目前，工业利用的钛铁矿均是含钛复合铁矿类矿床，它是一种原矿，结构致密，难采难选，为利用其中的钛资源，其选别流程可以分为预选、选铁和选钛三个阶段。

6.4.1.1　预选

将开采得到的岩矿，先丢弃部分尾矿，这样可达到提高选矿处理能力和入选品位，降低生产成本的目的。预选作业常用的选矿方法有磁滑轮磁选、重介质旋流器及粗粒跳汰机重选等。

6.4.1.2　选铁

在选别含钛复合铁矿时，选铁的目的是获得供炼铁用的铁精矿或钒钛精矿，采用的方法是磁选法，选铁后使大部分铁和钛得以分离。

6.4.1.3　选钛

钛铁矿的回收是以含钛复合铁矿经选铁后的尾矿为原料进行的，钛铁矿的选矿是通过多段破碎和筛分，并应用了重选、磁选、电选和浮选等各种方法组合而成，由于各种矿源成分复杂，所使用的流程也不尽相同。

6.4.2　钛砂矿的选矿

钛砂矿包括海滨砂矿和内陆砂矿，这种砂矿易采易选，除了少数矿床需剥离覆盖层外，一般不需要剥离即可直接开采。采选工艺和设备已定型，是标准化的，一般有两种开采方法，一种是在河床上利用采矿船开采，它又分为链斗式、搅吸式及斗轮式三种方式，另一种是干采干运，采掘机械有推土机、铲运机、装载机及斗轮挖掘机等。所采得矿经皮带运输机或砂泵管道运输至粗选厂。

6.4.2.1　粗选

采出砂矿首先经过除渣、筛分、分级、脱泥及浓缩后，送至粗选厂。

粗选的目的是将入选矿石按矿石密度不同进行分离，丢弃低密度脉石矿物，获得重矿物含量达 90% 左右的混合精矿，其作为粗选厂的给料。常用的粗选设备为圆锥选矿机和螺旋选矿机。粗选厂都是移动式的，与采矿纳为一体，随采矿的同时向前推进。粗选厂水上移动采用浮船，在陆地上移动是将厂房设置在双轨上，该方法技术先进，费用低廉。

6.4.2.2　精选

精选厂为固定式，将送去的粗精矿进一步精选，作业分为湿法和干法两步，一般先进行湿法作业，包括重选、湿式磁选和浮选，然后进行干选作业，包括磁选、电选和重力分离等，总之，钛砂矿精选实质上是由各种选矿方法相互配合进行选别以获得合格钛精矿的过程。

6.4.3　钛矿选矿流程实例

国内外有代表性的钛矿选矿流程介绍如下。

6.4.3.1 澳大利亚埃尼巴联合公司 (Allied Eneabba Ltd.)

该厂规模为年产钛精矿 250kt，产品有金红石、钛铁矿和锆英石。它采用了先进的标准干采方法。有两种标准开采方法：对于水下的矿物采用绞吸式采砂船水采；对于沙滩岸边的矿物则采用移动式采掘池干采干运，此法工艺先进，效率高，其原矿的开采和粗选厂的原则流程如图 6.1 所示，进一步精选的粗矿精选原则流程如图 6.2 所示。

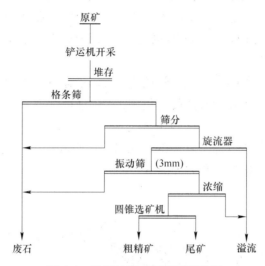

图 6.1 埃尼巴采矿厂原则流程图

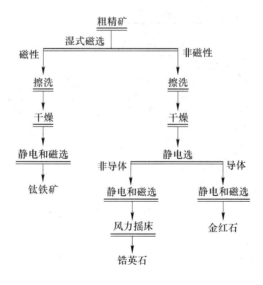

图 6.2 埃尼巴精选厂原则流程图

6.4.3.2 南非理查兹湾矿物公司 (简称 RBM)

该厂采用了先进的工艺，建立了包括采矿、选矿和钛渣熔炼联合生产厂，安装了一套年产钛渣 400kt、低锰生铁 220kt、金红石 56kt 和锆英石 115kt 的大型联合装置。

　　矿石的开采采用标准的移动式的挖掘、富集和分离方法，理查兹湾矿物采矿流程图如图 6.3 所示，两台挖掘机和一台浮动选矿机安装在人造开采池中，随着挖掘机挖出池前部的砂矿，经选矿分离出的尾矿就不断堆积在池子后部，从而导致开采池不断地向前移动。

　　挖掘机挖掘岸堤并用泵把矿浆打到漂浮的重力选矿机内，采用赖克特圆锥和螺旋分离机循环把重矿物分离开来，然后用泵把含有锆英石、金红石和钛铁矿重矿物以矿浆形式打到岸上，用卡车将其运至干燥破碎分离的精选工厂，分离出供出售的金红石和锆英石以及作为熔炼原料的钛铁矿精矿。

　　在图 6.2 所示的干燥破碎循环中，弱磁选除去矿中存在的少量磁铁矿，非磁性矿物通过强磁湿选以分离出钛铁矿和含有锆英石和金红石的非磁性部分。钛铁矿堆积起来供进一步处理。

　　锆英石和金红石的分离过程是复杂的，先对金红石和锆英石进行初步的清洗和净化，分离方法依次采用静电、磁选和重力分离等。

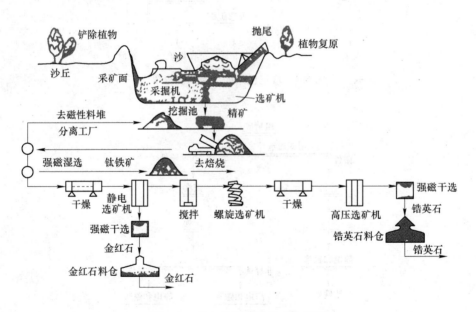

图 6.3　理查兹湾矿物采矿流程图

6.4.3.3　广西北海选矿厂

　　该厂主要选别海滨砂矿，主要产品有钛精矿和锆英石、独居石、金红石等。

　　北海选矿厂精选工艺流程如图 6.4 所示，采用电选、磁选首先回收钛铁矿，精选回收率可达 95%~96%。再采用电选、磁选、重选、浮选混泵等工艺综合回收伴生矿物，经精选后，海滨砂矿精矿的 TiO_2 品位可达 57%~58%，河砂矿精矿的 TiO_2 品位为 52%~53%。

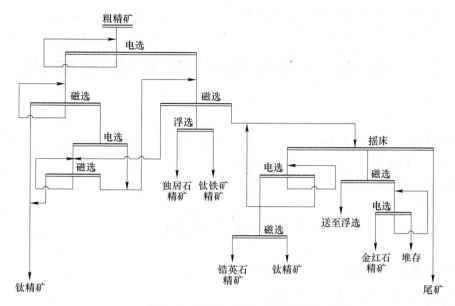

图 6.4 北海选矿厂工艺流程图

7 钛选厂的流程考查及改进研究

针对某钛选厂采用传统的"重选-弱磁"联合选矿工艺，具有传统钛砂矿选矿工艺的特点，对选厂现场生产流程进行考查，查明该选厂生产中存在的问题，对现场生产流程进行优化和改造，以期提高生产效率。

7.1 试验研究方法

7.1.1 流程考查研究方法

7.1.1.1 流程考查的目的

流程考查的主要目的是：

（1）了解该选钛工艺流程生产现状，并对工艺生产流程在质和量方面进行分析和评价。

（2）查明生产中存在问题的原因，提出改进的措施和解决的办法。

（3）针对存在的问题，对钛选厂生产流程进行技术改造，提高生产指标。

7.1.1.2 流程考查步骤

（1）绘制流程考查取样计划图。绘制钛选厂生产现场详细流程图，根据详细流程图、流程考查的要求、流程计算的需要以及结合现场各作业点取样方便、安全可靠等情况绘制流程考查取样计划图。

（2）按照流程考查取样计划图到钛选厂生产现场取样，样品种类共有品位、粒度、计量、浓度四种；取三天样品，每天正常生产时8h取样，每1h取一次样；每天形成一批样品，共取三批样。

（3）对所取样品加工、制备及化验分析。

（4）根据考查测定的数据，对选厂工艺流程进行计算、分析和研究。

（5）对原矿进行验证实验，考查"重选-弱磁"联合流程小型试验指标。

（6）针对现场存在的问题，结合现场改造条件，对现场流程进行优化。

7.1.2 选钛工艺试验研究方法

7.1.2.1 试样的采取与制备

试样采自矿山，属残坡积钛铁砂矿，对其晾晒、烘干，再进行混匀、加工，以备后续分析、粒度筛析和试验所用。试样的制备流程如图7.1所示。

7.1.2.2 试验目的、技术路线及研究手段

试验目的：改变传统的"重选–弱磁"联合钛砂矿选矿工艺，尽可能提高 TiO$_2$ 回收率。

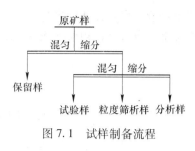

图 7.1 试样制备流程

试验技术路线及研究手段：

（1）对代表性矿样进行工艺矿物学研究，主要查明矿石中的目的矿物、脉石矿物的存在形式、矿物特征、各矿物间的相互关系以及物性差异。

（2）根据矿石中矿物的磁性差异，首先对原矿进行强磁抛尾试验研究，得到钛粗精矿。

（3）采用多种选矿方法对得到的钛粗精矿进行精选试验。

（4）对各种方案和流程进行研究、论证和比较，得出经济、合理的选钛工艺流程。

7.1.3 试验的主要设备

试验的主要设备见表 7.1。

表 7.1 试验的主要设备

设 备 名 称	规 格 型 号
棒磨机	MBS250mm×300mm
高梯度磁选机	SLONϕ500mm
弱磁选机	CTS1050mm×1800mm
浮选机	XDF-1.5L、XDF-1L、XDF-0.5 L
螺旋溜槽	GLX-06
摇床	1000mm×2400mm
水析仪	

7.2 钛选厂流程考查

7.2.1 现场生产流程

该钛选厂原矿通过"水采水运"的工艺进行采矿运输，采用传统的"重选–弱磁"联合流程对原矿进行选别，流程中主要采用筛分、磨矿、螺旋溜槽重选和磁选等选矿工艺。该选厂具有传统钛砂矿选矿工艺的特点，品位高、易开采、选矿工艺简单，可以代表钛砂矿选矿工艺生产现状。

钛选厂共有三个产品：钛精矿送至冶炼厂生产高钛渣，铁精矿外卖，尾矿进入尾矿库进行堆存，回水澄清后返回生产再用。

从整个选厂流程，根据选别对象的性质来看，可以分为三部分：即原矿选别、铁粗精矿再选、尾矿再选。

由于整个流程中，原矿选别的开采分为 1 线和 2 线，流程考查过程中，将整个流程分为

四个作业区来对该选厂进行考查及说明。四个作业区分别为：2线原矿选别作业区、1线原矿选别作业区、铁粗精矿再选作业区及尾矿再选作业区，钛选厂现场生产流程见图7.2。

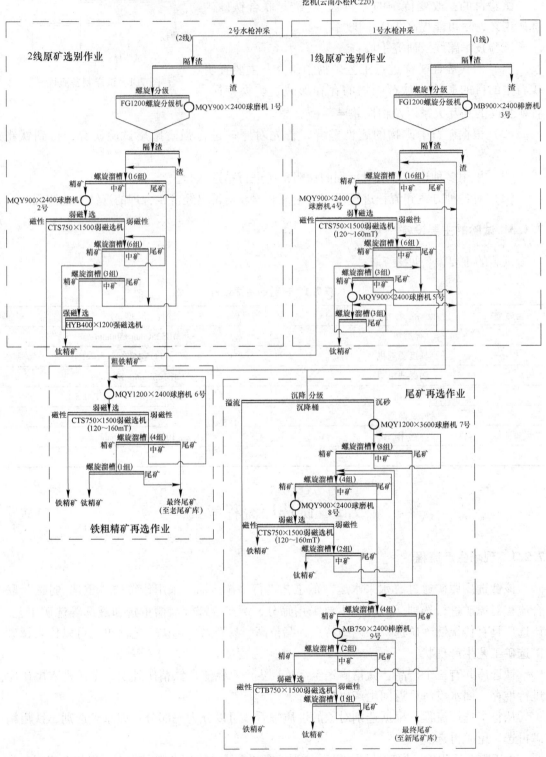

图7.2　某钛选厂生产流程

7.2.2 原矿选别作业考查

7.2.2.1 选别流程

2 线原矿选别作业的原矿是采用"水采水运"的采矿方式进入选别流程，原矿选别作业取样点布置见图 7.3，原矿选别作业现场生产情况见图 7.4。

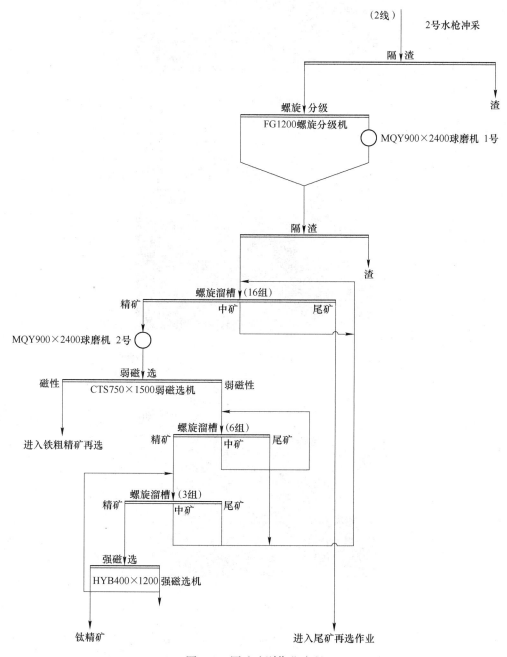

图 7.3 原矿选别作业流程

"水采水运"的采矿方式

磨矿分级段

螺旋重选作业段

图 7.4　原矿选别作业现场生产情况

从图 7.3 中可以看出：原矿选别作业区中主要包括以下 10 个作业：（1）一次隔渣作

业（圆筒筛，筛孔尺寸为 10mm）；（2）螺旋分级作业（φ1200mm 分级机）；（3）1 号球磨机磨矿作业（MQY900×2400）；（4）二次隔渣作业（圆筒筛，筛孔尺寸为 10mm）；（5）螺旋溜槽重选作业（16 组 φ1200mm 三头）；（6）2 号球磨机磨矿作业（MQY900×2400）；（7）弱磁选作业（CTS750×1500）；（8）螺旋溜槽重选作业（6 组 φ1200mm 三头）；（9）螺旋溜槽重选作业（3 组 φ1200mm 三头）；（10）强磁选作业（HYB400×1200）。

7.2.2.2 原矿选别作业指标

为了解原矿选别作业指标，分别对 1 号给矿、3 号渣、9 号渣、15 号铁精矿、25 号钛精矿进行了流量、浓度、TiO_2 品位的测量，通过计算得出原矿选别指标见表 7.2，从表中可以看出，在原矿选别作业中，25 号钛精矿 TiO_2 品位为 46.89%，作业回收率仅为 26.54%，15 号铁粗精矿 TiO_2 品位 22.10%，作业回收率为 9.28%，进入铁粗精矿再选作业，13 号尾矿 TiO_2 品位较高为 4.77%，作业回收率为 62.87%，进入尾矿再选作业。

表 7.2 原矿选别作业指标

取样点编号	产品名称	矿量/t·d⁻¹	产率/%		TiO_2 品位/%	TiO_2 回收率/%	
			作业	原矿		作业	原矿
3	渣	9.47	1.11	0.55	5.16	0.83	0.42
9	渣	4.90	0.58	0.29	5.88	0.49	0.25
15	铁粗精矿	24.79	2.91	1.45	22.10	9.28	4.66
25	钛精矿	33.42	3.93	1.95	46.89	26.54	13.34
13	尾矿	778.27	91.47	45.44	4.77	62.87	31.60
1	给矿	850.85	100.00	49.68	6.94	100.00	50.26

注：相对于原矿是以 1 线和 2 线的原矿总量为基数，下同。

7.2.3 存在问题及解决方案

（1）从现场取样时可看出，原矿给矿不稳定，原矿量、浓度波动较大，给生产指标带来不利影响，应在原矿冲采后建设一个缓冲箱，对原矿冲采下来的矿浆进行缓冲。

（2）原矿中含细粒级矿物较多，-0.037mm 的质量占 30% 左右，钛金属在该粒级占 8% 左右，而重选作业对 -0.037mm 部分中的钛矿物回收效果非常差，可以考虑预先将这部分细粒级矿物脱出，一是可以减少进入流程中的矿量，二是可以提高选别的浓度，三是可以提高入选矿物的 TiO_2 品位。可在流程中选择合适的点增加水力旋流器，脱出这部分细粒级矿物。

（3）该选厂的铁精矿中含 TiO_2 偏高，约为 22%，可以通过细磨后"弱磁-重选"联合流程对铁精矿进行加工处理，从铁精矿中再回收部分钛，从而提高整个选厂钛的回收率，而且钛粗精矿再选尾矿，32号取样点和34号取样点尾矿中钛品位分别为13.35%和23.82%，含钛品位较高，直接排入尾矿库，造成钛的损失，可将这部分尾矿进入尾矿再选系统。

（4）整个流程考查中可以看出，各作业浓度较低，特别是重选作业浓度，使得整个选厂生产流程为"快进快出"，导致重选选别的时间较短，分选效果较差，选厂回收率偏低，应提高整个选厂各作业浓度。

（5）对尾矿考查后可知，尾矿粒度较细，-0.074mm占78.13%，这部分中钛金属量占70.22%，损失钛矿物多为细粒级钛矿物，可见整个选厂磨矿作业中钛矿物存在过磨的现象，导致细粒级钛矿物无法回收，整个选厂指标较低。从磨矿作业考查中可知，产生过磨现象的原因，可能是磨矿作业浓度太低，溢流型球磨机中细矿粒重矿物容易沉下，使得细粒级钛矿物增多。应提高磨矿浓度磨矿，同时考查磨机中介质填充率及配比是否适宜。

7.3　验证试验及现场改造

为考查"重选-弱磁"联合流程小型试验指标，对原矿进行"重选-弱磁"联合流程验证试验。通过验证试验结果，可以为钛选厂现场改造提供试验依据。

根据现场生产流程制定了"重选-弱磁"联合验证试验流程，验证试验流程见图7.5。选钛常用的重选设备有螺旋溜槽和摇床，对于重选作业来说，磨矿作业好坏直接影响矿物的分选指标。磨矿作业的目的是在适宜的磨矿细度条件下，使目的矿物与脉石矿物充分单体解离，为目的矿物有效回收提供条件。磨矿时不能过磨，过磨易造成新的过粉碎、产生泥化，使细粒级钛矿物增多，造成细粒级损失，不能得到有效分选，也不能欠磨，欠磨使钛矿物不能单体解离，导致精矿品位较低，这都不利于选矿技术指标的提高，分别采用螺旋溜槽和摇床对原矿进行磨矿细度试验研究。

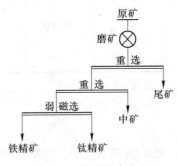

图7.5　验证试验流程

原矿选别作业：将原来的MQY900×2400球磨机换成MQY1200×2400，由于2号磨机处量增大，在2号磨机处增加了一台MQY900×2400球磨机，并取消了该作业中最后一次强磁精选作业。铁粗精矿再选作业没有改变。

尾矿再选作业：返回点上做了改进，9号球磨机处增加一台MB750×2400棒磨机。该钛选厂改造后的详细流程见图7.6。

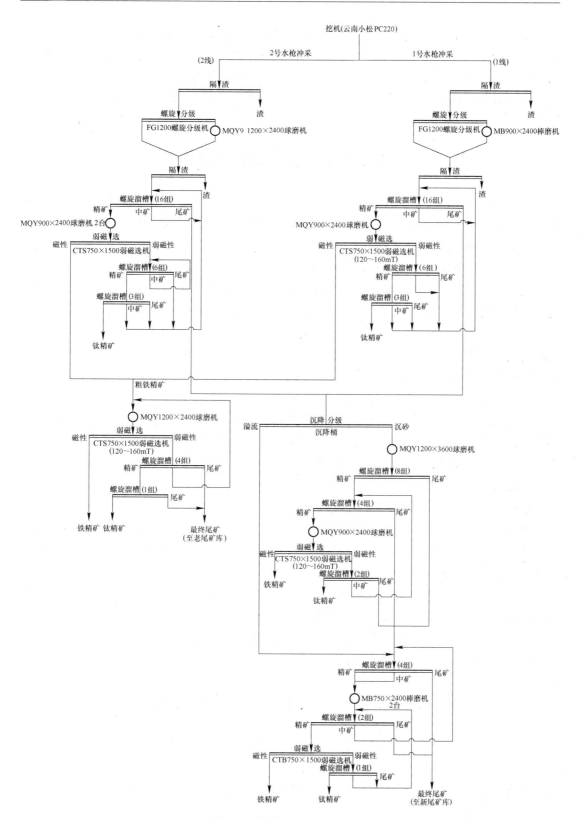

图 7.6 某钛选厂改造后流程

由图 7.6 可知，该钛选厂主体流程没有太大改变，把磨矿作业作为选厂改造重点，提高磨矿浓度，增大钢球填充率，并且选择适合的钢球配比制度，将原来分级机返砂丢弃的粗颗粒也全部进入磨机作业，大大提高磨机的磨矿效率，从而提高了重选作业浓度，延长了重选选别的时间，经过改造及生产调试后，马豆沟钛选厂选别指标得到了大幅度的提高。

7.4　选钛工艺试验研究

通过流程考查，可以看出该钛选厂采用"重选-弱磁"联合流程，重选设备采用螺旋溜槽，该设备对 -0.074mm 的矿物选别效果较差。重选作业，回收的钛矿物大部分为粗颗粒的钛矿物，细粒级的钛矿物没有得到有效回收，导致回收率较低，钛的回收率仅为 35.09%，有 54.29% 的钛损失到尾矿中，而且选别流程长、生产效率低。

由于重选的局限性，考虑能否利用其他选钛工艺对钛铁矿进行回收，改变传统的"重选-弱磁"联合钛砂矿选矿工艺，使 TiO_2 回收率得到提高。流程考查时发现，需要回收的矿物中，磁铁矿、钛磁铁矿和钛铁矿都为磁性矿物，同脉石矿物差异性较大，考虑能否利用磁选的方法来进行选别，使其与脉石矿物即非磁性矿物分离。钛铁矿属于弱磁性矿物，弱磁性矿物可利用高梯度磁选机进行选别。高梯度磁选机对于处理细粒级弱磁性矿物效果明显，具有分选效率高、选别指标好、处理能力大等特点，故对该选厂的原矿样进行以磁选为主的选钛工艺试验研究。首先，对矿山原矿样进行原矿性质考查，然后利用磁选对矿样进行预先抛尾得到钛粗精矿，采用单一重选、单一强磁选、单一浮选和"重选-强磁选"联合等方法对钛粗精矿进行精选试验研究。

首先对各种选矿工艺分别进行试验研究，选取选别指标较好的方法做深入的条件试验，最终确定新的选钛工艺流程。

由试验结果可知，钛精矿 1+钛精矿 2 的平均 TiO_2 品位为 47.14%，TiO_2 回收率为 72.33%，相对于原矿 TiO_2 回收率约为 62.86%。中矿主要为连生体，含 TiO_2 品位较高，如将中矿再磨后返回粗选再选，能够再回收钛矿物，提高选别指标。钛粗精矿精选试验中，"重选-强磁选"联合试验选别指标高于单一重选、单一强磁选和单一浮选流程。最终确定的工艺流程为"强磁抛尾-重选-强磁选"联合流程，流程见图 7.7。

该流程具有流程短、指标高、经济、合理等特点，能使钛资源得到充分有效地利用，确定的工艺为新的钛选厂建设提供了试验依据。

7.5　钛选厂尾矿的综合回收利用研究

某钛选厂采用传统的"重选-弱磁"联合选矿工艺，这种传统钛砂矿选矿工艺虽然流程短、易操作、投资成本低，但回收率很低，尾矿中的钛资源浪费严重。在对该钛选厂现场进行考查，了解了选厂尾矿的基本生产情况后，针对钛选厂尾矿进行选矿试验研究，探寻经济合理的选矿工艺，使钛选厂尾矿中的钛资源得到合理有效的回收利用。

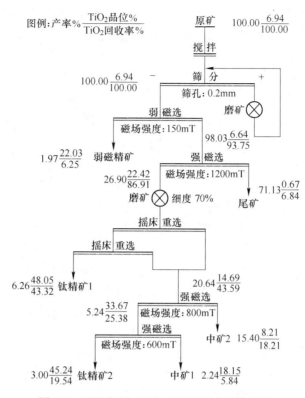

图 7.7 强磁抛尾–重选–强磁选联合试验流程

7.5.1 试验研究方法及矿样工艺矿物学分析

通过现场生产情况考查，可知该钛选厂每天产生的尾矿量为 1546.9t，TiO$_2$ 平均品位 4.13%，TiO$_2$ 回收率占原矿的 54.36%，选厂生产效率低，部分钛资源都损失在了尾矿当中，对尾矿进行粒度筛析，筛析结果见表 7.3。

表 7.3 尾矿粒度筛析结果

粒级/mm	质量分布/%		TiO$_2$ 品位 /%	金属分布/%	
	个别	累计		个别	累计
+0.2	5.89		6.22	8.92	
0.2~0.074	15.98	21.86	5.36	20.86	29.78
0.074~0.037	6.19	28.06	6.67	10.06	39.84
0.037~0.019	22.2	50.26	4.77	25.79	65.63
0.019~0.010	32.78	83.04	3.85	30.74	96.37
0.010~0.005	2.61	85.65	0.92	0.58	96.96
-0.005	14.35		0.87	3.04	
总计	100		4.12	100	

从表 7.3 的尾矿粒度筛析结果可知，该钛选厂所生产的尾矿整体粒度较细，

−0.074mm的细粒度矿物占78.14%，这部分中钛金属量占70.22%。从尾矿的粒度筛析中可以看出损失在尾矿中的钛矿物大部分都是细粒级矿物。

7.5.1.1　试验研究方法

A　试样的采取与制备

试验矿样采自该钛选厂尾矿库前端，矿样进行烘干、混匀、缩分等加工，以备后续分析、试验所用。试样的制备流程见图7.8。

B　试验目的

拟定钛尾矿选矿工艺，从现有的生产尾矿中尽可能回收钛铁矿等目的矿物，实现钛资源的综合回收利用。

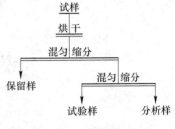

图7.8　试样制备流程

C　研究手段及试验技术路线

（1）对采取的代表性矿样进行工艺矿物学研究，查明矿物中主要目的矿物、脉石矿物的存在形式、各矿物间的相互关系、矿物特征以及不同矿物的物性差异。

（2）根据矿石中矿物的密度、磁性差异，分别进行重选抛尾试验研究、磁选抛尾试验研究，得到钛粗精矿。

（3）采用一系列不同的选矿方案对抛尾后的钛粗精矿进行精选试验研究。

（4）对所采用的各种试验方案和工艺流程进行详细分析、比较、论证，最终得到一个技术上可行、经济上合理的工艺流程。

7.5.1.2　矿样工艺矿物学分析

A　矿样物相组成

对钛选厂生产尾矿矿样进行显微镜、电子探针和X衍射分析，查明其主要矿物含量见表7.4，物相组成见表7.5。

表7.4　尾矿主要矿物相对质量分数

矿物	钛铁矿	钛-磁赤铁矿	石英	白钛石	锆石
相对质量分数/%	19.73	3.44	9.23	0.06	0.18
矿物	褐铁矿	黄铁矿	金红石	三水铝石	云母
相对质量分数/%	0.23	0.06	0.02	3.45	1.01
矿物	角闪石	绿泥石	白云石	蛇纹石、黏土、针铁矿等	合计
相对质量分数/%	1.51	0.24	0.36	60.45	100.00

表7.5　尾矿物相组成

矿物类型	矿物种类
金属氧化物	主要钛铁矿，其次钛-磁赤铁矿、褐铁矿，少量白钛石、金红石、锆石等
金属硫化物	极少量黄铁矿

从表7.4可知，钛主要以钛铁矿形式存在，铁主要以钛铁矿、钛-磁赤铁矿、褐铁矿、赤铁矿形式存在，其中的主要脉石矿物为石英、高岭土、斜长石等。

由表7.5可知，目的矿物钛矿物全都是以氧化矿的形式存在，铁矿物中的硫化矿黄铁矿也只占总矿物的0.06%，含量很少，在选别作业中可以忽略硫化矿即黄铁矿的回收以及其对钛精矿和铁精矿品质的影响。

B 矿样的多元素分析

对钛选厂生产尾矿矿样进行多元素分析，结果见表7.6。

表7.6 尾矿矿样的多元素分析结果

元素	$w(TiO_2)$	$w(Fe)$	$w(SiO_2)$	$w(CaO)$	$w(MgO)$	$w(Al_2O_3)$
质量分数/%	12.83	22.32	30.24	1.04	2.45	10.25
元素	MnO	V_2O_5	P	S	$Zr(Hf)O_2$	TREO
质量分数/%	0.17	0.32	0.208	0.098	0.18	<0.1

由表7.6可以看出，试验样TiO_2的品位为12.83%，远高于现场生产尾矿为4.12%的TiO_2品位，这可能是因为试验样取自钛选厂尾矿库前端，该选厂现场生产尾矿采用回形地沟自然流入尾矿库，使得高密度的钛铁矿在尾矿库的前端得到了自然富集。

C 矿样粒度筛析结果

对尾矿矿样进行粒度筛析，考查TiO_2在各粒度中的分布情况，粒度筛析结果见表7.7。

表7.7 尾矿矿样粒度筛析结果

粒级/mm	质量分布/%		TiO_2品位 /%	钛金属分布率/%	
	个别	累计		个别	累计
+1.00	3.94		13.08	4.02	
1.00~0.50	18.67	22.62	8.90	12.95	16.97
0.50~0.28	17.86	40.48	16.59	23.10	40.07
0.28~0.074	28.96	69.44	20.13	45.44	85.51
-0.074	30.56	100.00	6.08	14.49	
总计	100.00		12.83		

从表7.7可以看出，矿样粒度组成较细，其中-200目的含量为30.56%，TiO_2分布率为14.49%，+200目的含量为69.44%，金属分布率为85.51%。

D 钛铁矿矿物特性

矿物中的钛铁矿多呈晶粒状，可见六方柱状晶、菱面体晶、板状晶的钛铁矿完整晶体，但大多为碎粒状钛铁矿。钛铁矿颗粒或晶体表面坑洼不平，凹坑处常被黏土、白钛石（有金红石、不透明的楣石、锐钛矿、板钛矿等氧化钛组成的隐晶质集合体）等所填充，还有部分细粒钛铁矿包含于蛇纹石之中。钛粗精矿中的钛铁矿颗粒，其表面及表面凹坑中黏附褐铁矿黏土、蛇纹石等。

7.5.2 选矿试验研究

通过工艺矿物学的研究可知，试验矿样的主要目的矿物为钛铁矿、钛磁铁矿，主要脉石矿物为高岭土、三水铝石、云母、石英、斜长石、角闪石等。目的矿物在磁性和密度上都与脉石矿物有着较大的差异，故可考虑用重选或强磁选的方法预先抛尾，预先富集 TiO_2，同时减少了后续作业的物料量，再对抛尾后的钛粗精矿进行一系列的精选试验研究，通过对各种精选工艺流程的试验结果对比分析，最终确定适宜的选矿工艺流程。

7.5.2.1　预先抛尾试验

矿样中存在着高岭土、三水铝石、云母、石英、斜长石、角闪石等大量的脉石矿物，这部分脉石矿物不管是在密度还是在磁性上都与目的矿物钛磁铁矿、钛铁矿有着较大的差异，采用重选或者磁选的方法预先抛尾。

A　摇床重选抛尾试验

目的矿物中，钛磁铁矿、钛铁矿的密度在 $4.6g/cm^3$ 左右，高岭土、三水铝石、云母、石英、斜长石、角闪石等脉石矿物的密度在 $3.4g/cm^3$ 左右。主要目的矿物钛磁铁矿、钛铁矿的密度与脉石矿物石英、斜长石、角闪石、橄榄石等的密度差异较大，利用重力选矿的方法进行分离。由矿样矿物组成可知，低密度脉石矿物占矿物总量的65%左右，考虑利用重选预先抛尾，大幅度提高后续作业的物料品位，减少入料量。

生产中常用的重选抛尾设备有螺旋溜槽、摇床两种。其中螺旋溜槽的分选效果较差，抛尾效果不理想，而摇床的选别效果要优于螺旋溜槽，不但能起到抛尾的作用，还能得到一部分合格产品，故主要对摇床重选抛尾进行试验研究。

常用的摇床按照其适宜分选粒度分为粗砂床、细砂床、矿泥床和微细泥床四种。根据矿物粒度大小采用不同的摇床分选，在摇床重选中入选矿物的粒度分布越窄选别效果越好。为了尽可能地抛去大部分脉石矿物，并保证钛矿物在钛粗精矿中的回收率，同时尽可能得到部分合格钛精矿，试验采用分级入选。为了避免过粗粒度矿物选别效果太差而使钛矿物过多的损失在尾矿中，考虑到+0.28mm 的粗粒度矿物基本没有单体解离，分选效果差，故这部分粗粒度矿物不再入选，全部并入钛粗精矿。摇床重选抛尾试验流程见图 7.9，试验结果见表 7.8。

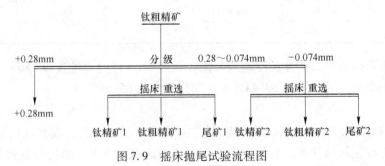

图 7.9　摇床抛尾试验流程图

由表 7.8 的试验结果可知，采用摇床重选分级抛尾，抛尾量为 39.07%，TiO_2 品位仅有 1.89%，损失在尾矿中回收率也只有 5.75%，同时能得到回收率为 10.67%，TiO_2 品位 48.08% 的合格产品。抛尾后的钛粗精矿产率占原矿的 58.09%，品位为 18.46%，回收率为 83.58%，大幅度提高了后续精选作业的入料品位，减少了精选作业入料量，摇床分级重选抛尾效果良好，符合"能收早收，能丢早丢"的选矿原则。

表 7.8　摇床抛尾试验结果

产品名称	产率/%	TiO$_2$ 品位/%	TiO$_2$ 回收率/%
>0.28mm	32.01	13.80	34.43
钛精矿 1	1.84	47.66	6.84
钛粗精矿 1	22.02	25.46	43.70
尾矿 1	1.96	2.32	0.36
小计	25.83	25.28	50.89
钛精矿 2	1.01	48.86	3.84
钛粗精矿 2	4.05	17.24	5.45
尾矿 2	37.10	1.86	5.39
小计	42.16	4.47	14.68
总 计	100.00	12.83	100.00
钛精矿合并	2.86	48.07	10.66
钛粗精矿合并	58.10	18.46	83.59
总尾矿	39.04	1.89	5.75

注：表中大于 0.28mm 粒级矿物并入钛粗精矿。

B　强磁选抛尾试验

根据矿物组成，矿样中的主要矿物磁铁矿、钛磁铁矿为强磁性矿物，赤铁矿、钛铁矿、褐铁矿为弱磁性矿物，云母、斜长石、角闪石、石英、高岭土、三水铝石等为非磁性矿物。主要目的矿物与脉石矿物的磁性差异性较大，可利用磁选的方法进行分离。由矿物组成知，非磁性矿物占矿物总量的 65% 左右，可利用磁选将磁性矿物选出后进行预先抛尾。

常用的磁选机分为弱磁机、高梯度磁选机两种，弱磁机主要用来回收选别强磁性矿物，而高梯度磁选机主要用来回收弱磁性矿物。高梯度磁选机对于处理细粒级弱磁性矿石，具有分选效果明显、效率高、选别指标好、处理能力大等特点，矿样中的目的矿物钛铁矿为弱磁性矿物，试验中采用高梯度磁选机进行选别。

强磁抛尾磁场强度试验流程见图 7.10，试验结果见表 7.9。

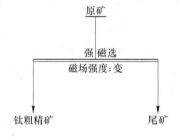

图 7.10　强磁抛尾磁场强度试验流程

表 7.9　强磁抛尾磁场强度试验结果

磁场强度/T	产品名称	产率/%	TiO$_2$ 品位/%	TiO$_2$ 回收率/%
	钛粗精矿	42.77	26.27	86.71
0.7	尾矿	57.23	3.01	13.29
	原矿	100.00	12.96	100.00
	钛粗精矿	53.45	22.56	93.40
1.0	尾矿	46.55	1.83	6.60
	原矿	100.00	12.91	100.00

续表7.9

磁场强度/T	产品名称	产率/%	TiO$_2$ 品位/%	TiO$_2$ 回收率/%
	钛粗精矿	55.70	21.69	93.74
1.3	尾矿	44.30	1.82	6.26
	原矿	100.00	12.89	100.00
	钛粗精矿	57.38	21.41	94.55
1.6	尾矿	42.62	1.66	5.45
	原矿	100.00	12.99	100.00

　　从表7.9的试验结果可知，随着磁场强度的增加，钛粗精矿的 TiO$_2$ 品位有所下降，回收率有所提高，但当磁场强度提高到 1.0T 后，如继续提高磁场强度，钛粗精矿中钛的回收率几乎不再变化，从综合回收率和品位两方面的考虑，选择强磁抛尾的磁场强度为 1.0T。当磁场强度为 1.0T 时，钛粗精矿的 TiO$_2$ 品位为 22.56%，回收率达到 93.40%，尾矿的产率为 46.55%，TiO$_2$ 品位为 1.83%，回收率为 6.60%，抛尾效果良好。

　　采用摇床重选抛尾和强磁选抛尾的抛尾效果差异不大，各有优缺点。

　　摇床重选抛尾能得到一部分 TiO$_2$ 品位合格的钛精矿，设备价格低，一次性投资成本低，得到的钛粗精矿含泥量小，有利于后续的精选作业，但摇床重选抛尾存在设备占地面积大、处理量小、需要设备数量多、生产过程中需要大量生产用水、尾矿矿浆量大、选别效果受人为影响大、选矿指标不稳定、抛尾量小、尾矿品位高等缺点。

　　强磁选抛尾设备占地面积小，处理量大，选别效果受人为影响小，选矿指标稳定，抛尾量大，尾矿品位低，但强磁选抛尾的单台设备昂贵，一次性投资成本高；抛尾后的细粒级含量较大，不利于下一步的精选作业。

　　综合考虑选矿指标及生产成本，选择摇床重选抛尾流程。

　　C　钛粗精矿制备及性质考查

　　采用摇床重选抛尾流程对矿样进行原矿预先抛尾试验，物料 20kg，制备一批钛粗精矿，摇床重选抛尾制备钛精矿试验流程见图 7.11，摇床重选抛尾制备钛粗精矿试验结果见表 7.10。

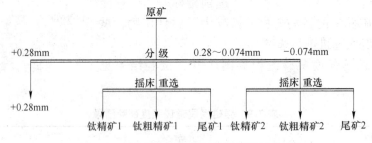

图 7.11　摇床重选抛尾制备钛粗精矿流程

表 7.10　摇床重选抛尾制备钛粗精矿试验结果

产品名称	产率/%	TiO$_2$ 品位/%	Fe 品位/%	TiO$_2$ 回收率/%	Fe 回收率/%
钛精矿（合并）	2.85	48.09	36.26	10.67	5.34
钛粗精矿（合并）	59.66	17.97	29.85	83.58	92.08

产品名称	产率/%	TiO$_2$ 品位/%	Fe 品位/%	TiO$_2$ 回收率/%	Fe 回收率/%
总尾矿	37.49	1.97	1.33	5.75	2.58
原矿	100.00	12.83	19.34	100.00	100.00

由表 7.10 的试验结果可知，钛精矿 TiO$_2$ 品位为 48.09%，回收率为 10.67%，可以作为合格产品出售，抛尾量为 37.49%，TiO$_2$ 品位仅为 1.97%，相对矿样 TiO$_2$ 回收率只有 5.75%。抛尾后钛粗精矿 TiO$_2$ 品位为 17.97%，相对矿样 TiO$_2$ 回收率为 83.58%，作为钛粗精矿精选试验原料。另外，铁在钛精矿和钛粗精矿中得到了富集，尤其是钛粗精矿中，铁的品位达到了 29.85%，相对于矿样铁的回收率达到了 92.08%，在后续对钛粗精矿进行精选时，考虑对铁的回收利用。

D 钛精矿多元素分析

对摇床抛尾得到的钛精矿进行多元素分析结果见表 7.11。

表 7.11 摇床抛尾得到的钛精矿多元素分析结果

元 素	$w(\text{TiO}_2)$	$w(\text{Fe})$	$w(\text{SiO}_2)$	$w(\text{Al}_2\text{O}_3)$	$w(\text{CaO})$	$w(\text{MgO})$
质量分数/%	48.09	36.26	7.31	2.15	0.62	0.54

从表 7.11 可以看出，摇床抛尾时得到的部分钛精矿中 TiO$_2$ 的品位达到了 48.09%，可以作为合格产品出售。

对摇床抛尾后得到的钛粗精矿进行多元素分析结果见表 7.12。

表 7.12 摇床抛尾后得到的钛粗精矿多元素分析结果

元 素	$w(\text{TiO}_2)$	$w(\text{Fe})$	$w(\text{SiO}_2)$	$w(\text{Al}_2\text{O}_3)$	$w(\text{CaO})$	$w(\text{MgO})$
质量分数/%	17.97	29.85	15.57	5.62	1.12	1.58

从表 7.12 可以看出，抛尾后钛粗精矿 TiO$_2$ 的品位富集到 17.97%，有利于提高后续精选作业的选矿指标；铁的品位富集到 29.85%。

采用摇床重选分级抛尾，所得到的产品指标情况为：钛精矿产率为 2.85%，TiO$_2$ 品位为 48.09%，回收率为 10.67%；钛粗精矿产率为 59.66%，TiO$_2$ 品位为 17.97%，回收率为 83.58%；抛尾量为 37.49%，TiO$_2$ 品位为 1.97%，损失在尾矿中的回收率为 5.75%。

7.5.2.2 钛粗精矿弱磁除铁试验研究

矿样中存在着磁铁矿等强磁性铁矿物，这部分矿物的密度和钛铁矿等目的矿物差异不大，经过摇床重选抛尾后必然会有一部分进入钛粗精矿中，另外，这部分高铁矿物不管是在密度和可浮性上都与目的矿物钛铁矿差异不大，因此，不管是用重选还是浮选的方法对钛粗精矿进行精选，这部分矿物的存在都会影响选别效果，从而降低钛矿物的回收效果和品质。从磁性上讲，这部分高铁矿物属于强磁性矿物，而目的矿物钛铁矿属于弱磁性矿物，若用强磁选对钛粗精矿进行精选，这部分矿物也必然会进入钛精矿，从而降低钛精矿的品质，综上所述，为了提高精选作业的选别效果，获得良好品质的钛精矿，必须除去这部分高铁的强磁性矿物，考虑用弱磁选法对钛粗精矿进行除铁。

弱磁除铁不仅能降低这部分高铁矿物对钛粗精矿精选作业的干扰，同时还有可能形成一部分铁品位较高的符合铁矿物产品要求的合格铁精矿。

磁场强度的大小直接影响钛粗精矿除铁效果，也对铁精矿的品位有决定性的影响，同时考虑到除铁后钛粗精矿的粒度对后续试验的影响，故磨矿细度不能选择太细，选择抛尾后不磨矿的情况下，对摇床分级重选抛尾制得的钛粗精矿在不同场强下进行弱磁除铁磁场强度试验，钛粗精矿弱磁除铁磁场强度试验流程见图7.12，钛粗精矿弱磁除铁磁场强度试验结果见表7.13。

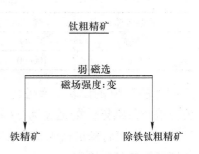

图7.12　钛粗精矿弱磁除铁磁场强度试验流程

表7.13　钛粗精矿弱磁除铁磁场强度试验结果

磁场强度/T	产品名称	产率/%	TiO₂ 品位/%	Fe 品位/%	TiO₂ 回收率/%	Fe 回收率/%
0.15	铁精矿	5.88	27.89	56.12	9.73	13.61
	除铁钛粗精矿	94.12	17.35	28.10	90.87	86.39
	钛粗精矿	100.00	17.97	29.85	100.00	100.00
0.20	铁精矿	8.31	23.38	54.89	10.81	17.86
	除铁钛粗精矿	91.69	17.48	27.16	89.19	82.14
	钛粗精矿	100.00	17.97	29.85	100.00	100.00
0.25	铁精矿	15.07	23.38	45.64	19.61	24.97
	除铁钛粗精矿	84.93	17.01	26.77	80.39	75.03
	钛粗精矿	100.00	17.97	29.85	100.00	100.00

从表7.13的结果可以看出，随着弱磁选磁场强度的增加，铁精矿的品位随之下降，回收率随之升高，但损失在铁精矿中钛的回收率也有所增加。综合铁精矿中铁的品位以及铁精矿中损失的钛的回收率以及除铁后钛粗精矿中 TiO₂ 的品位三方面的考虑，选择弱磁选除铁的磁场强度为0.2T。当选择0.2T的弱磁选磁场强度时，铁精矿中铁的品位达到了54.89%，钛粗精矿回收率为17.86%，损失在铁精矿中的钛的回收率为10.81%，相对于矿样为9.03%。除铁后钛粗精矿中 TiO₂ 的品位为17.48%，TiO₂ 回收率为89.19%，相对于矿样为74.55%，作为下一步精选原料对其进行精选试验研究。

7.5.2.3　除铁后钛粗精矿精选试验研究

钛粗精矿精选工艺流程有很多，主要包括单一强磁选流程、单一重选流程、单一浮选以及磁重浮的联合流程。以下分别对这些精选工艺流程进行试验研究，以确定适宜的钛粗精矿精选工艺。

对各种精选工艺流程试验结果分析对比，可知"重选-强磁选"联合精选流程和"强磁选-重选-强磁选"联合精选流程的选矿指标较好，优于单一精选指标。"强磁选-重选-强磁选"联合精选流程得到的钛精矿回收率稍低于"重选-强磁选"联合精选流程，但品位略高，且能节省摇床数量，减少厂房面积，降低基建投资成本，故选择"强磁选-重选-强磁选"联合精选流程。综合抛尾工艺、除铁工艺和精选工艺，确定"强磁抛尾-弱磁除铁-强磁选-重选-强磁选"联合流程为最终选矿工艺流程如图7.13所示，选别指标见表7.14。

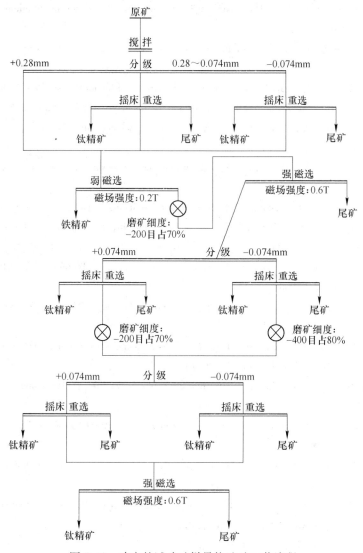

图7.13 确定的试验矿样最终选矿工艺流程

表7.14 试验矿样的最终选矿选别指标

产品名称	产率/%	TiO₂品位/%	TiO₂回收率/%
钛精矿	18.85	48.07	70.62
铁精矿	4.96	19.70	9.03
总尾矿	76.19	3.43	20.35
矿样	100.00	12.83	100.00

从表7.14的试验结果可以看出，采用确定的"强磁抛尾-弱磁除铁-强磁选-重选-强磁选"联合流程可得到钛精矿 TiO_2 综合品位为48.07%，TiO_2 回收率为70.62%，钛精矿 TiO_2 品位符合钛精矿产品质量要求。

参 考 文 献

［1］ Jaffee R I, Promisel N E, et al. The Science, Technology and Application of Titanium, Pergamon Press, Oxford, UK, (1970).

［2］ Jaffee R I, Burte H M, et al. Titanium Science and Technology, Plenum Press, New York, USA, (1973).

［3］ Williams J C, Belov A F, et al. Titanium and Titanium Alloys, Plenum Press, New York, USA, (1982).

［4］ Kimura H, Izumi O, et al. Titanium'80, Science and Technology, AIME, Warrendale, USA, (1980).

［5］ Lütjering G, Zwicker U, Bunk W, et al. Titanium, Science and Technology, DGM, Oberursel, Germany, (1985).

［6］ Lacombe P, Tricot R, Beranger G, et al. Sixth Worm Conference on Titanium, Les Editions de Physique, Les Ulis, France, (1988).

［7］ Froes F H, Caplan I L, et al. Titanium'92, Science and Technology, TMS, Warrendale, USA, (1993).

［8］ Blenkinsop P A, Evans W J, Flower H M, et al. Titanium'95, Science and Technology, The University Press, Cambridge, UK, (1996).

［9］ Gorynin I V, Ushkov S S, et al. Titanium' 99, Science and Technology, CRISM "Prometey", St. Petersburg, Russia, (2000).

［10］ Ltitjering G, Albrecht J, et al. Ti-2003, Science and Technology, Wiley-VCH, Weinheim, Germany, (2004).

［11］ Niinomi M, Maruyama K, Ikeda M, et al. Proceedings of the 11th Worm Conference on Titanium, The Japan Institute of Metals Sendai, Japan, (2007).

［12］ Bomberger H B, Froes F H, Morton P H. Titanium Technology: Present Status and Future Trends, TDA, Dayton, USA, (1985) p. 3.

［13］ Eylon D, Seagle S R. Titanium'99, Science and Technology, CRISM "Prometey", St. Petersburg, Russia, (2000) p. 37.

［14］ Bania P J. Titanium'92, Science and Technology, TMS, Warrendale, USA, (1993) p. 23.

［15］ Seagle S R. Mater. Sci. Eng. A213, (1996) p. 1.

［16］ Gorynin I V. Titanium'92, Science and Technology, TMS, Warrendale, USA, (1993) p. 65.

［17］ Yamada M. Mater. Sci. Eng. A213, (1996) p. 8.

［18］ Boyer R R. J. of Metals 44, no. 5, (1992) p. 23.

［19］ Combres Y, Champin B. Titanium'95, Science and Technology, The University Press, Cambridge, UK, (1996) p. 11.

［20］ Wilhelm H, Furlan R, Moloney K C. Titanium'95, Science and Technology, The University Press, Cambridge, UK, (1996) p. 620.

［21］ Schutz R W, Watkins H B. Mater. Sci. Eng. A243, (1998) p. 305.

［22］ Moriyasu T. Titanium'95, Science and Technology, The University Press, Cambridge, UK, (1996) p. 21.

［23］ Froes F H, Allen P G, Niinomi M. Non-Aerospace Applications of Titanium, TMS, Warrendale, USA, (1998) p. 3.

［24］ Blenkinsop P A. Titanium' 95, Science and Technology, The University Press, Cambridge, UK, (1996) p. 1.

[25] Boyer R R. Titanium'95, Science and Technology, The University Press, Cambridge, UK, （1996） p. 41.

[26] Shira C, Froes F H. Non-Aerospace Application of Titanium, TMS, Warrendale, USA, （1998） p. 331.

[27] Niinomi M, Kuroda D, Morinaga M, et al. Non-Aerospace Application of Titanium, TMS, Warrendale, USA, （1998） p. 217.

[28] Fanning J C. Ti-2003, Science and Technology, Wiley-VCH, Weinheim, Germany, （2004） p. 3125.

[29] Crist E, Yu K, Bennett J, et al. Ti-2003, Science and Technology, Wiley-VCH, Weinheim, Germany, （2004） p. 173.

[30] Kosaka Y, Fanning J C, Fox S P. Ti-2003, Science and Technology, Wiley-VCH, Weinheim, Germany, （2004） p. 3027.

[31] Yongjie Zhang, Tao Qi, Yi Zhang. A novel preparation of titanium dioxide from titanium slag [J]. Hydrometallurgy, 2008, 8: 1-5.

[32] Sergio Teixeira, Adriano Michael Bernardin. Development of TiO_2 white glazes for ceramic tiles [J]. Dyes and Pigments, 2009, 80: 292-296.

[33] N. C. Kothari. Recent development in processing ilmenite for titanium [J]. International Journal of Mineral Processing, 1974, 4 (1): 287-305.

[34] 中国钛锆铪协会. 全球钛及钛合金产业发展研究报告, 2014 年 7 月.

[35] 中国钛锆铪协会. 钛锭投资分析, 2014 年 7 月.

[36] 杨绍利, 盛继孚. 钛铁矿熔炼钛渣与生铁技术 [M]. 北京: 冶金工业出版社, 2006.

[37] 孙康. 钛提取冶金物理化学 [M]. 北京: 冶金工业出版社, 2001.

[38] 草道英武, 等. 金属钛及其应用 [M]. 北京: 冶金工业出版社, 1989.

[39] 中国科技情报所重庆所. 国外钒钛 [J]. 资料汇集第八辑, 1974.

[40] 莫畏, 邓国珠, 罗方承. 钛冶金 [M]. 北京: 冶金工业出版社, 1998.

[41] 稀有金属应用编写组. 稀有金属应用 [M]. 北京: 冶金工业出版社, 1984.

[42] 世界钛应用开发现状 [J]. 钛工业进展, 2000, 6: 35-36.

[43] 翁启钢. 海绵钛产业的发展战略 [J]. 中国有色金属, 2006, 8: 50-53.

[44] 周连在. 钛材料及其应用 [M]. 北京: 冶金工业出版社, 2008.

[45] Paul A. Titanium Alloy Development [J]. Adv Mater Proc, 1996, 10: 33-38.

[46] Anon. Titanium industry symposium [J]. Powder Metallurgy, 2007, 50 (3): 193.

[47] 刘广龙, 兰晓峰. 金属钛资源的提取与应用状况及发展建议 [J]. 金川科技, 2008, 1: 11-15.

[48] 田光民, 洪权, 张龙, 等. 国外大型民用客机用钛 [J]. 钛工业进展, 2008, 25 (2): 20-22.

[49] 高敬, 宁兴龙. 钛应用近况 [J]. 轻金属, 2000, 11: 48-52.

[50] 胡克俊. 钛资源开发及产品利用状况 [J]. 中国金属通报, 2007, (16): 34-38.

[51] Wang K. The use of titanium for medical application in the USA [J]. Materials Science and Engineering A, 1996, 213 (1/2): 134-137.

[52] 途福生, 贾栩, 郝斌. 钛工业市场前景广阔 [J]. 中国有色金属, 2008, (10): 25-26.

[53] 邓国珠. 世界钛资源及其开发利用现状 [J]. 钛工业进展, 2002, (5): 9-12.

[54] 胡克俊. 钛资源开发及产品利用状况 [J]. 中国金属通报, 2007, (16): 6-10.

[55] 段成龙. 钛资源形势分析及评价 [J]. 四川有色金属, 2000, (2): 31-36.

[56] 吴贤, 张健. 中国的钛资源分布及特点 [J]. 钛工业进展, 2006, 6 (23): 8-12.

[57] Zhou Lian, Luo Guozhen. Research and development of titanium in China [J]. Material Science and Engi-

neering，1998，12：294-298.

[58] 王立平，王镐，高顾，等．我国钛资源分布和生产现状 [J]．稀有金属，2004，8（1）：266.

[59] 王志，袁章福．中国钛资源综合利用现状与新进展 [J]．化工进展，2004，4（23）：349-352.

[60] 中国科学院过程工程研究所．攀西地区钛资源综合利用技术现状分析与前景展望 [J]．攀枝花科技与信息，2006，2：8-10.

[61] 王荣凯，邹建新．云南和四川攀枝花地区钛资源状况及开发利用前景 [J]．钛工业进展，2000，1：6-9.

[62] 邓国珠．云南钛铁矿资源的利用研究 [J]．钛工业进展，1999，3：30-33.

[63] 薛步高．云南钛铁矿地质特征及开发探讨 [J]．化工矿产地质，2001，1（23）：53-58.

[64] 沈强华，张宗华．昆明地区钛资源分布及评价 [J]．昆明理工大学学报（理工版），2003，5（28）：17-19，23.

[65] 雷霆，朱从杰，张强，等．云南省钛资源现状及开发利用对策研究 [J]．中国工程科学，2005，增刊（7）：156-160.

[66] 杨佳，李奎，汤爱涛，等．钛铁矿资源综合利用现状与发展 [J]．材料导报，2003，（17）45.

[67] 孙康．钛铁矿的富集方法 [J]．钒钛，1995，5：11-15.

[68] 陈名洁，文书明，胡天喜．国内钛铁矿浮选研究的现状与进展 [J]．国外金属矿选矿，2005，7：17-19.

[69] 刘万峰，于梅花，腾根德．河北某钛铁矿选矿试验研究 [J]．有色金属（选矿部分），2008，1：10-14.

[70] 谢广元．选矿学 [M]．徐州：中国矿业大学出版社，2001.

[71] M. Zlagnean，N. Tomus，C. Vasile，et al. Processing of valuable vein-minerals，monazite，magnetite，pyrite and ilmenite [J]. Developments in Mineral Processing，2000，13：5-9.

[72] T. A. I. Lasheen. Chemical benefication of Rosetta ilmenite by direct reduction leaching [J]. Hydrometallurgy，2005，76：123-129.

[73] 孙玉波．重力选矿 [M]．北京：冶金工业出版社，1991.

[74] 王常任．磁电选矿 [M]．北京：冶金工业出版社，2006.

[75] Z. Cui，Q. Liu，T. H. Etsell. Magnetic properties of ilmenite，hematite and oilsand minerals after roasting [J]. Minerals Engineering，2002，15：1121-1129.

[76] A. U. Gehring，G. Mastrogiacomo，H. Fischer，et al. Magnetic metastability in natural hemo-ilmenite solid solution（y≈0.83）[J]. Journal of Magnetism and Magnetic Materials，2008，320：3307-3312.

[77] 胡为柏．浮选 [M]．北京：冶金工业出版社，1982.

[78] R. C. Behera，A. K. Mohanty. Beneficiation of massive ilmenite by froth flotation [J]. International Journal of Mineral Processing，1986，1-2（17）：131-142.

[79] X. Fan，N. A. Rowson. The effect of Pb(NO$_3$)$_2$ on ilmenite flotation [J]. Minerals Engineering，2000，2（13）：205-215.

[80] 宋涛．钛提取冶金物理化学 [M]．北京：冶金工业出版社，2001.

[81]《稀有金属手册》编辑委员会．稀有金属手册（下册）[M]．北京：冶金工业出版社，1992.

[82]《稀有金属手册》编辑委员会．稀有金属手册（上册）[M]．北京：冶金工业出版社，1992.

[83] 轻金属钛 [J]．中国有色冶金，2006，5：59-60.

[84] Donachie M J. Titanium-A Technical Guid ASM International [M] New York：The Materials Information Society，2000.

［85］ 张松，胡金玲，王强，等．医用钛表面激光显微加工工艺参数的优化［J］．沈阳工业大学学报，2008，30（4）：424-427.

［86］ 许栋．生活中的"用钛之道"［J］．中国有色金属，2008（10）：21-24.

［87］ 李景胜．从钛白酸解废渣中回收钛矿的工艺研究［D］．长沙：中南大学，2007.

［88］ A. C Araujo, P. R. M Viana, A. E. C Pems. Reagents in iron ores flotation［J］. Minerals Engineering, 2005（18）：219-224.

［89］ S Song, S Lu, A Lopez-Valdivieso. Magnetic separation of hematite and limonit efines as hydrophobic flocs from iron ores［J］. Minerals Engineering, 2002（15）.

［90］ R. M. F Lima, P. R. G Brandao, A. E. C Peres. The infrared spectra of amine collectors used in the flotation of iron ores［J］. Minerals Engineering, 2005（18）：267-273

［91］ Wang Yuhua, Ren Jianwei. The flotation of quartz from iron minerals with a combined quaternary ammonium salt［J］. Int. J. Miner. Process, 2005（77）：116-122.

［92］ 陈甲斌，许敬华．国内外铁矿石市场形势分析［J］．江苏地质，2007（2）：151-156.

［93］ 侯宗林．中国铁矿资源现状与潜力［J］．地质找矿论丛，2005（12）：242-247.

［94］ 董天颂．钛选矿［M］．北京：冶金工业出版社，2008.

［95］ 张志雄．矿石学［M］．北京：冶金工业出版社，1981.

［96］ 伊志福．微细粒原生钛铁矿浮选新药剂研究［D］．昆明：昆明理工大学，2005.

［97］ 陈斌．新型捕收剂对钛铁矿的浮选研究［D］．长沙：中南大学，2010.

［98］ 见百熙．浮选药剂［M］．北京：冶金工业出版社，1981.

［99］ 朱玉霜，朱建光．浮选药剂的化学原理［M］．长沙：中南工业大学出版社，1987，59-62.

［100］ 丁明．非金属矿加工工程［M］．北京：化学工业出版社，2003.

［101］ 邹建新，王荣凯，高邦禄．攀枝花钛资源状况及钛产业发展思路探索［J］．四川冶金，2004，1.

［102］ 张恩宏，黄庆柒，高利坤．云南某钛铁矿粗精矿精选试验研究［J］．矿业快报，2002，23.